親子ではじめよう

実用数学技能検定® 数検

算数検定

11級

公益財団法人 日本数学検定協会

まえがき

　このたびは，算数検定にご興味を示してくださりありがとうございます。低学年のお子さま用として手に取っていただいた方が多いのではないでしょうか。

　算数の学習といえば，たし算やひき算，九九，分数や小数などを思い浮かべる方が多いかもしれませんが，三角形や四角形，円などの図形も低学年から学び始める大切な内容の１つです。

　お子さまと形について会話をしたことはありますか？

　「どんな形が好きなのか」「どんな形が使われているのか」「形によってどんな特徴があるのか」かなど，いろいろな観点で話してみると，子どもたちの興味や発想に驚くことがあります。

　数学の世界では図形や空間について研究する学問を幾何学といいます。「幾何」とはなんとも不思議なことばです。「幾何」は中国読みで「ジーホー」と発音しますが，その由来が気になり調べてみますと，ギリシャ語で〝土地〟を意味するgeōの発音からの当て字として幾何を使用したとのことでした（複数の説があります）。幾何学は英語ではGeometryですが，このGeoは英語でも〝土地〟や〝地球〟を意味することばであり，metryは〝測量〟を意味しています。つまり，幾何学の語源を探ると，土地，さらには地球を測るということにつながっていきます。そして，地球が出てくればその関心は宇宙へと広がっていきます。

　現在，宇宙を巡って，人工衛星を使って車両の自動運転を支援したり，月面で野菜作りの研究が行われたりと日々話題が更新されています。しかしながら，人類がさまざまな課題と向き合いながら，宇宙での事業を検討するに至るには地球を測る学問であったGeometry（幾何学）の発展があることを忘れてはいけません。

　お子さまが幾何学に興味をもつ最初の一歩はご家庭での形遊びになります。形遊びで経験したことが，ものの形に注目してその特徴を捉える力，身の回りの事象を図形の性質から考察する力となります。その延長線上に地球，そして宇宙の最先端の研究があるのです。

　算数といえば数と計算が真っ先に頭に浮かぶと思いますが，ぜひ図形の領域にも関心をもっていただき，お子さまとも形について話をしてみてください。もしかすると，その経験が宇宙研究の最先端での活躍につながっていくかもしれません。そして，その学びの定着を確認するために算数検定の活用をご検討ください。

公益財団法人 日本数学検定協会

目　次

まえがき……………………………… 2

目次……………………………………… 3

この本の使い方……………………… 4

検定概要 ……………………………… 6

受検方法 ……………………………… 7

階級の構成…………………………… 8

11 級の検定基準（抄）……………… 9

■■■

1-1　かず …………………………… 12

1-2　なんばんめ …………………… 16

1-3　いくつと いくつ …………… 20

1-4　大きい かず ………………… 24

● さんすうパーク……………………… 28

■■■

1-5　たしざんと ひきざん（1）………… 30

1-6　たしざんと ひきざん（2）………… 34

1-7　かずの せいり ……………… 38

● さんすうパーク……………………… 42

1-8　どちらが ながい …………………… 44

1-9　どちらが ひろい …………………… 48

1-10　どちらが おおい ………………… 52

● さんすうパーク……………………… 56

■■■

1-11　いろいろな かたち ……………… 58

1-12　ほうこうと いち ………………… 62

1-13　かたちづくり ……………………… 66

1-14　とけい ……………………………… 70

● さんすうパーク……………………… 74

● 算数検定 とくゆうもんだい ………… 76

解答・解説………………………………… 79

別冊　ミニドリル

この本の使い方

この本は，親子で取り組むことができる問題集です。基本事項の説明，例題，練習問題の３ステップが４ページ単位で構成されているので，無理なく少しずつ進めることができます。おうちの方へ向けた役立つ情報も載せています。キャラクターたちのコメントも読みながら，楽しく学習しましょう。

私たちと一緒にがんばりましょう！よろしくね！

かくみみ

こかく

① 基本事項の説明を読む

単元ごとにポイントをわかりやすく説明しています。

> 単元の重要なポイントや公式をまとめています。

> 考え方のヒントや注意するポイントなどをアドバイスしています。

さんかく耳の親犬。こかくのために教え方を研究中。

② 例題を使って理解を確かめる

基本事項の説明で理解した内容を，例題を使って確認しましょう。キャラクターのコメントを読みながら学べます。

③ 練習問題を解く

各単元で学んだことを定着させるための，練習問題です。

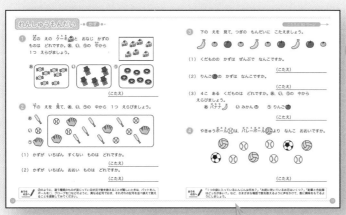

基本事項の説明や例題の解き方を思い出そう。

かくみみの子どもで，さんかく耳の子犬。自分の耳がさんかくなので，図形の勉強に興味津々。

④ おうちの方に向けた情報

教えるためのポイントなど，役立つ情報がたくさん載っています。

⑤ 算数パーク

算数をより楽しんでいただくために，計算めいろや数遊びなどの問題をのせています。親子でチャレンジしてみましょう。

クイズに挑戦するような気持ちでチャレンジしよう！

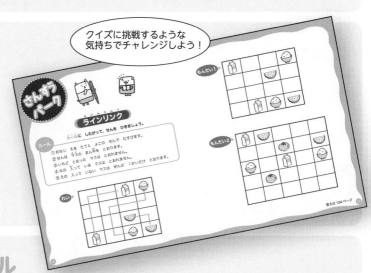

⑥ 別冊ミニドリル

計算を中心とした問題を4回分収録しています。解答用紙がついているので，算数検定受検の練習にもなります。

検定概要

「実用数学技能検定」とは

「実用数学技能検定」(後援＝文部科学省。対象：1〜11級)は，数学・算数の実用的な技能(計算・作図・表現・測定・整理・統計・証明)を測る「記述式」の検定で，公益財団法人日本数学検定協会が実施している全国レベルの実力・絶対評価システムです。

検定階級

1級，準1級，2級，準2級，3級，4級，5級，6級，7級，8級，9級，10級，11級，かず・かたち検定のゴールドスター，シルバースターがあります。おもに，数学領域である1級から5級までを「数学検定」と呼び，算数領域である6級から11級，かず・かたち検定までを「算数検定」と呼びます。

1次：計算技能検定／2次：数理技能検定

数学検定(1〜5級)には，計算技能を測る「1次：計算技能検定」と数理応用技能を測る「2次：数理技能検定」があります。算数検定(6〜11級，かず・かたち検定)には，1次・2次の区分はありません。

「実用数学技能検定」の特長とメリット

①「記述式」の検定

解答を記述することで，答えに至る過程や結果について理解しているかどうかをみることができます。

②学年をまたぐ幅広い出題範囲

準1級から10級までの出題範囲は，目安となる学年とその下の学年の2学年分または3学年分にわたります。1年前，2年前に学習した内容の理解についても確認することができます。

③取り組みがかたちになる

検定合格者には「合格証」を発行します。算数検定では，合格点に満たない場合でも，「未来期待証」を発行し，算数の学習への取り組みを証します。

合格証

未来期待証

受検方法

受検方法によって，検定日や検定料，受検できる階級や申込方法などが異なります。
くわしくは公式サイトでご確認ください。

👤 個人受検

日曜日に年3回実施する個人受検A日程と，土曜日に実施する個人受検B日程があります。
個人受検B日程で実施する検定回や階級は，会場ごとに異なります。

👥 団体受検

団体受検とは，学校や学習塾などで受検する方法です。団体が選択した検定日に実施されます。
くわしくは学校や学習塾にお問い合わせください。

✏️ 検定日当日の持ち物

持ち物 \ 階級	1～5級 1次	1～5級 2次	6～8級	9～11級	かず・かたち検定
受検証（写真貼付）[1]	必須	必須	必須	必須	
鉛筆またはシャープペンシル（黒のHB・B・2B）	必須	必須	必須	必須	必須
消しゴム	必須	必須	必須	必須	必須
ものさし（定規）		必須	必須	必須	
コンパス		必須	必須		
分度器			必須		
電卓（算盤）[2]		使用可			

※1　団体受検では受検証は発行・送付されません。
※2　使用できる電卓の種類　〇一般的な電卓　〇関数電卓　〇グラフ電卓
　　　通信機能や印刷機能をもつもの，携帯電話・スマートフォン・電子辞書・パソコンなどの電卓機能は使用できません。

階級の構成

	階級	構成	検定時間	出題数	合格基準	目安となる学年
数学検定	1級	1次：計算技能検定 2次：数理技能検定 があります。 はじめて受検するときは1次・2次両方を受検します。	1次：60分 2次：120分	1次：7問 2次：2題必須・5題より2題選択	1次：全問題の70%程度 2次：全問題の60%程度	大学程度・一般
数学検定	準1級					高校3年程度（数学Ⅲ・数学C程度）
数学検定	2級		1次：50分 2次：90分	1次：15問 2次：2題必須・5題より3題選択		高校2年程度（数学Ⅱ・数学B程度）
数学検定	準2級			1次：15問 2次：10問		高校1年程度（数学Ⅰ・数学A程度）
数学検定	3級		1次：50分 2次：60分	1次：30問 2次：20問		中学校3年程度
数学検定	4級					中学校2年程度
数学検定	5級					中学校1年程度
算数検定	6級	1次／2次の区分はありません。	50分	30問	全問題の70%程度	小学校6年程度
算数検定	7級					小学校5年程度
算数検定	8級					小学校4年程度
算数検定	9級		40分	20問		小学校3年程度
算数検定	10級					小学校2年程度
算数検定	11級					小学校1年程度
かず・かたち検定	ゴールドスター			15問	10問	幼児
かず・かたち検定	シルバースター					

11級の検定基準（抄）

検定の内容	技能の概要	目安となる学年
個数や順番，整数の意味と表し方，整数のたし算・ひき算，長さ・広さ・水の量などの比較，時計の見方，身の回りにあるものの形とその構成，前後・左右などの位置の理解，個数を表す簡単なグラフ など	**身近な生活に役立つ基礎的な算数技能** ①画用紙などを合わせた枚数や残りの枚数を計算して求めることができる。 ②鉛筆などの長さを，他の基準となるものを用いて比較できる。 ③缶やボールなど身の回りにあるものの形の特徴をとらえて，分けることができる。	小学校1年程度

11級の検定内容の構造

小学校1年程度	特有問題
90%	10%

※割合はおおよその目安です。
※検定内容の10％にあたる問題は，実用数学技能検定特有の問題です。

問題

ものの　かずを　くらべる

バレーボールと　サッカーボールの　かずを　くらべます。

バレーボール　1こと　サッカーボール　1こを　せんで　むすびます。

バレーボールと　サッカーボールの
かずは　ちがいます。
あまった　ほうが　「おおい」，
あまらなかった　ほうが
「すくない」です。

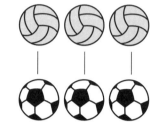

> 大切　1こずつ　せんで　むすんで　くらべる。

ものの　かずを　かぞえる

じゅんばんに　1，2，3，4，5，6，7，8，9，10…と
かぞえます。

かぞえたら，かずを　「すうじ」で　あらわします。いちごは　5こです。

> 大切　ものの　かずは　すうじで　あらわす。

おうちの方へ　数を数えることは，大人は当たり前にやっています。ただ，"当たり前"を教えることは意外と難しいものです。ぜひ，お子さんと一緒に考えたり手を動かしたりして，お子さんに合った学び方を探し，発見してください。

れいだい1

下の えを 見て，あ，い，うの 中から
1つ えらびましょう。

 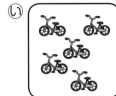 

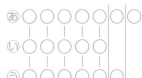

（1） かずが いちばん おおいのは どれですか。

（2） かずが いちばん すくないのは どれですか。

じてん車の かずだけ ○を かいて くらべます。

（1） いちばん おおいのは あです。 （こたえ）　あ

（2） いちばん すくないのは いです。 （こたえ）　い

れいだい2

下の えの 中に あめは なんこ ありますか。

あめに ／の しるしを つけながら かぞえます。

1　　　2　3　　　4

あめの かずは 4こです。 （こたえ）　4こ

おうち
の方へ　具体的なもの（れいだい1では自転車）を，記号（れいだい1では○）に置き換えて考えられる
ことも，算数の学習では大切な能力です。数えることに慣れるまでは，何度も「丸や線をかいて
ごらん」などと声をかけてみてください。

① 右の えの ケーキと おなじ かずの ものは どれですか。あ，い，うの 中から 1つ えらびましょう。

あ 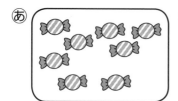　　い 　　う

（こたえ）＿＿＿＿＿＿＿＿＿＿＿＿＿

② 下の えを 見て，あ，い，うの 中から 1つ えらびましょう。

あ　い　う

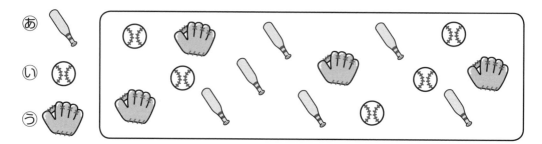

（1）　かずが いちばん すくない ものは どれですか。

（こたえ）＿＿＿＿＿＿＿＿＿＿＿＿＿

（2）　かずが いちばん おおい ものは どれですか。

（こたえ）＿＿＿＿＿＿＿＿＿＿＿＿＿

こたえは 80 ページ ➡

3 　下の　えを　見て，つぎの　もんだいに　こたえましょう。

（1）　くだものの　かずは　ぜんぶで　なんこですか。

（こたえ）＿＿＿＿＿＿＿＿＿＿＿

（2）　りんごの　かずは　なんこですか。

（こたえ）＿＿＿＿＿＿＿＿＿＿＿

（3）　4こ　ある　くだものは　どれですか。あ，い，うの　中から
　　　えらびましょう。
　　　　　あ　バナナ　　　い　みかん　　　う　りんご

（こたえ）＿＿＿＿＿＿＿＿＿＿＿

4 　やきゅうボールは，バレーボールより　なんこ　おおいですか。

（こたえ）＿＿＿＿＿＿＿＿＿＿＿

15

まえから　4人^{にん}め

まえ　　　　　　　　　　　　　　　　　　　　　　　うしろ

「まえから　4人め」の　人^{ひと}は，◯が　ついた　1人^{ひとり}だけです。

まえから　4人

まえ　　　　　　　　　　　　　　　　　　　　　　　うしろ

「まえから　4人」の　人は，[　　]が　ついた　4人です。

大切　「まえから　4人め」は　まえから　4ばんめの　人　1人を　さす。

　　　「まえから　4人」は　まえから　4ばんめまでの　ぜんぶを　さす。

おうち
の方へ　　"まえから4人め"など順番を表す数を順序数，"まえから4人"など集まったものの大きさを表す数を集合数といいます。区別がつかないときは，別々に練習するよう，家にあるものなど具体的なものを使って，違いを印象付けましょう。

れいだい1

いちごが　6こ　ならんで　います。

左ひだり 右みぎ

4ぱんめのいちごは
1こだけだね。

（1）　左ひだりから　4ばんめの　いちごに　○を　つけましょう。

（2）　右みぎから　2この　いちごに　○を　つけましょう。

（1）　「左から　4ばんめ」の
　　　いちごは　1こだけです。

（2）　「右から　2こ」の
　　　いちごは　2こです。

（こたえ）左右

（こたえ）左右

れいだい2

つみ木きが　4こ　つまれて　います。

（1）　いろの　ついた　つみ木は　上うえから　なんばんめですか。

（2）　いろの　ついた　つみ木は　下したから　なんばんめですか。

（1）　上から　かぞえると
　　　3ばんめです。

（2）　下から　かぞえると
　　　2ばんめです。

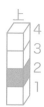

（こたえ）　3ばんめ

（こたえ）　2ばんめ

おうち
の方へ

順番を数えるとき，慣れないうちは，1つずつ指をさしながら数える練習をたくさんしてみてください。順番を表す順序数を数えるときは，「○番め」の"め"を強調して印象付けるのもよいかもしれません。

れんしゅうもんだい ・●（なんばんめ）●・

1 　6人が　ならんで　バスを　まって　います。つぎの　もんだいに
こたえましょう。

まえ　　けんと　ひとみ　ひろき　ゆうこ　たかし　まなみ　　うしろ

（1）　ひろきさんは　うしろから　なんばんめですか。

（こたえ）＿＿＿＿＿＿＿＿＿

（2）　ゆうこさんの　まえには　なん人　いますか。

（こたえ）＿＿＿＿＿＿＿＿＿

2 　のぞみさんは，右の　えのように　たなに
ものを　いれて　います。つぎの　もんだいに
こたえましょう。

（1）　おりがみは，上から　なんばんめですか。

（こたえ）＿＿＿＿＿＿＿＿

（2）　下から　5ばんめに　ある　ものは　なんですか。

（こたえ）＿＿＿＿＿＿＿＿

上

| えんぴつ |
| メモちょう |
| おりがみ |
| はさみ |
| クレヨン |
| えのぐ |

下

おうち
の方へ　生活の中で，「タンスの○番めにタオルを入れてね，○番めにシャツを入れてね」と声をかける
と，算数の勉強とお手伝いが一緒にできるでしょう。本やおもちゃの片付けのときも，意識して
声をかけてみてはいかがでしょうか。

18

こたえは 81 ページ

③ やさいが ならんで います。つぎの もんだいに こたえましょう。

左_{ひだり}    右_{みぎ}

なす　だいこん　ねぎ　ピーマン　にんじん　トマト　たまねぎ

（1） 右から　5ばんめに　ある　やさいは　なんですか。

（こたえ）

（2） にんじん より　左_{ひだり}に　やさいは　なんこ　ありますか。

（こたえ）

④ 下の　えのような　ロッカー_{ろっかあ}が　あります。ロッカーには，つかう　人_{ひと}の　なまえが　かいて　あります。つぎの　もんだいに　こたえましょう。

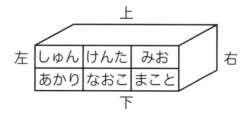

上

左 | しゅん | けんた | みお | 右
あかり | なおこ | まこと

下

（1） みおさんの　ロッカーは　左から　なんばんめで，上から　なんばんめですか。

（こたえ）

（2） 左から　2ばんめで，下から　1ばんめの　ロッカーを　つかって　いる　人は　だれですか。

（こたえ）

おうち
の方へ　問題を解き始めるときに，まず"どちらから数えるのか"を確認してから数えるように促してみてください。問題を読むときは，左から右に，上から下に目線を動かすので，つい左や上から数えてしまうことがあるのです。

あめが ぜんぶで 8こ あります。
なんこか かくしました。

見（み）えて いる あめは 5こ
なので, かくした あめは
3こ です。

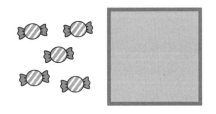
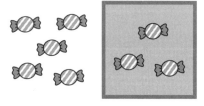

8は 5と 3に わけられます。

ドーナツが なんこか あります。ドーナツを 2こずつ はこに
入（い）れると, はこは なんこ できますか。

2の まとまりが いくつ できるか
かぞえれば よい。

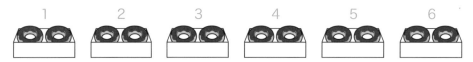

2こずつの はこは 6こです。

大切 かずは ほかの かずと かずに わけられる。
かずの まとまりを つくって かぞえる。

10までの数で, 数を分ける練習をしてみてください。実際に手元で物を動かしながら, それぞれの数がどんな数に分けられるか, 何度も数を変えて, 繰り返し取り組むことで慣れてもらいましょう。たとえば, 5は「1と4, 2と3, 3と2, 4と1」となります。

れいだい１

りんごが　６こに　なるように　せんで　むすびましょう。

 ・ ・

いくつと　いくつで　６が
できるか　かんがえます。
５と　１で　６が　できます。

 ・ ・

 ・ ・

・ ・

・ ・

（こたえ）

れいだい２

下の　□には　どんな　かずが　入りますか。

（１）　10は　8と　□

10は　8と　2で　できます。

（こたえ）　　2

（２）　10は　3と　□

10は　3と　7で　できます。

（こたえ）　　7

おうち
の方へ　　10のまとまりでみる数の見方は，繰り上がりや繰り下がりの計算につながります。2や5のま
とまりでみる数の見方は，かけ算やわり算につながっていきます。れいだい2ができたら「4は，
あといくつで10になる？」などの問題を出してもよいでしょう。

21

① 下の □に あてはまる かずを こたえましょう。

（1） 3と □で 7に なります。

（こたえ）＿＿＿＿＿＿＿＿＿＿

（2） 6と □で 9に なります。

（こたえ）＿＿＿＿＿＿＿＿＿＿

② あめが ぜんぶで 5こ あります。はこの 中に なんこ かくれて いますか。

（1）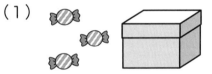

（2）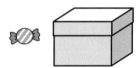

（こたえ）＿＿＿＿＿＿＿＿＿＿　　　　（こたえ）＿＿＿＿＿＿＿＿＿＿

おうち の方へ　数としての0は，1つもないという意味に用いたり，108の0のように位が空位であることを表すのに用いたり，数直線の基準の位置を表すのに用いたりします。"1つもない"ということを0で表すことで，0を他の数字と同様に取り扱うことができるのです。

こたえは 83 ページ

3 みかんが ぜんぶで 9こ あります。ふくろの 中に なんこ
かくれて いますか。

（1）

（こたえ）＿＿＿＿＿＿＿＿＿＿

（2）

（こたえ）＿＿＿＿＿＿＿＿＿＿

4 クッキーが ならんで います。つぎの もんだいに こたえましょう。

（1） 5の まとまりは いくつ できますか。

（こたえ）＿＿＿＿＿＿＿＿＿＿

（2） 10の まとまりは いくつ できますか。

（こたえ）＿＿＿＿＿＿＿＿＿＿

 おうち
の方へ たくさんあるものを数えるとき，2ずつ「2，4，6，8，10」と数える方は多いのではない
でしょうか。地域によって，「にいしいろおやあとう」や「にいしいろおはあとう」などと言い
方も少しずつ異なるようです。日常生活の知恵の中にも算数がかくれています。

大きい　かず

大きい　かずを　かぞえる

10より　大きい　かずは　10を　ひとまとまりに　して　かぞえます。

1が　10こで　10　　　　　10が　10こで　100

10が　3こで　30,　　　　　　　10が　10こで　100,

1が　7こで　7,　　　　　　　　100と　5で　105です。

30と　7で　37です。

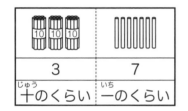

3	7
十のくらい	一のくらい

(大切)　1が　10こで　10, 10が　10こで　100と　あらわす。

かずの　せん

かずを　せんの　上に　じゅんばんに　ならべます。

13より　2　大きい　かずは　15です。10より　4　小さい　かずは

6です。

0　1　2　3　4　5　6　7　8　9　10　11　12　13　14　15　16　17　18　19　20
←小さい　　　　　　　　　　　　　　　　　　　　　　　　　　　　大きい→

小さい　小さい　小さい　小さい　　　　　　1　1
　　　　　　　　　　　　　　　　　　　　　大きい　大きい

(大切)　かずのせんでは　右に　すすむほど　かずが　大きく　なる。

おうち
の方へ　解説のように，小学校の算数では10を1まとまりと考えて，位取りをします。1が10こ集まると1つ位を上げる，10が10こ集まると1つ位を上げる，といった具合にそれぞれの位を取ります。1年生では，120までの数が学習範囲とされていますが，百の位という用語は2年生の内容です。

れいだい1

100と　14を　あわせた　かずを　こたえましょう。

100と　14を　あわせると　114です。　　　（こたえ）　　114

れいだい2

かずのせんの　□に　あてはまる　かずを　こたえましょう。

いくつずつ大きくなるか
見つけよう。

（1）

0　1　2　3　4　5　6　7　8　9　□

（2）

□　16　18　20　22　24

かずのせんでは　右に　すすむほど　かずが　大きく　なります。

（1）右に　すすむほど　1ずつ　大きく　なって　います。

0　1　2　3　4　5　6　7　8　9　□

1大きい

9より　1　大きい　かずは　10です。　　　（こたえ）　　10

（2）左に　すすむほど　2ずつ　小さく　なって　います。

□　16　18　20　22　24

2小さい

16より　2　小さい　かずは　14です。　　　（こたえ）　　14

おうち
の方へ

数の線は数直線といいます。れいだい2（2）でつまずいた場合は，左に進むごとに目もりの数がいくつずつ変わっているかについて，横に並ぶ数をひとつひとつ確認するように促してみてください。

1 えんぴつは, ぜんぶで なん本 ありますか。

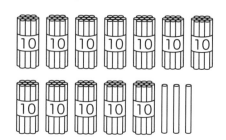

(こたえ) _____

2 下の [ ]に あてはまる かずを こたえましょう。

（1） 10を 5こと 1を 8こ あわせた かずは [ ]です。

(こたえ) _____

（2） 100を 1こと 10を 2こ あわせた かずは [ ]です。

(こたえ) _____

3 下の □ に あてはまる かずを こたえましょう。

（1）

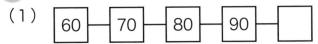

| 60 | 70 | 80 | 90 | |

（こたえ）_____

（2）

| 11 | 13 | | 17 | 19 |

（こたえ）_____

4 下の かずのせんを 見て，あから えまでに あてはまる かずを
こたえましょう。

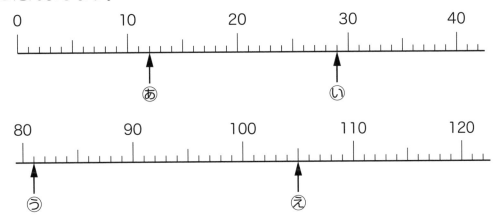

（こたえ）あ_____ い_____ う_____ え_____

③は並んでいる数の増え方が１ずつではありません。難しいようであれば，隣同士の数がいくつ違うか，１つずつ確認するように促してみてください。④が簡単にできた場合は，他の目もりも「ここはいくつ？」と聞いて，一緒に練習してみましょう。

ラインリンク

ルール   ルールに したがって, せんを ひきましょう。

① おなじ えを たてと よこの せんで むすびます。
② せんは マスの まん中を とおります。
③ いちど とおった マスは とおれません。
④ えの 入って いる マスは とおれません。
⑤ えの 入って いない マスは ぜんぶ 1かいだけ とおります。

れい ▶

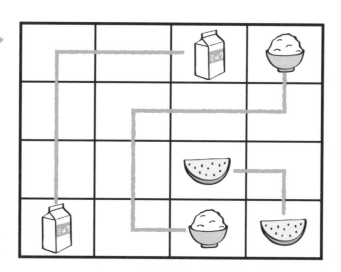

もんだい1 ▶

もんだい2 ▶

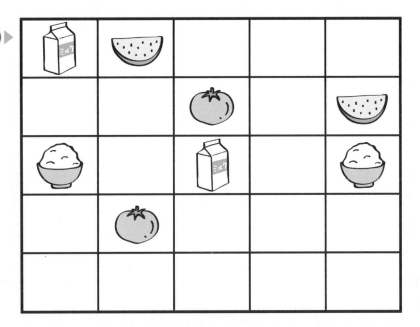

答えは 104 ページ

29

たしざんと　ひきざん（1）

たしざん

トマトが　3こと　2こ　あります。
あわせた　かずは　5こです。

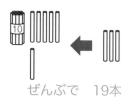

あわせて　5こ

たしざんは　「＋」を　つかって，しきを　3＋2＝5と　かきます。

ぼうが　16本　あります。
3本　ふえた　かずは　19本です。
しきは　16＋3＝19と　かきます。

ぜんぶで　19本

大切　あわせた　かずと　ふえた　かずは　たしざんで　もとめる。

ひきざん

トマトが　5こ　あります。3こ　とると
のこりの　かずは　2こです。

のこりは　2こ

ひきざんは　「－」を　つかって，しきを　5－3＝2と　かきます。

16本の　ぼうと　4本の　ぼうの
ちがいの　かずは　12本です。
しきは　16－4＝12と　かきます。

ちがいは
12本

大切　のこりの　かずと　ちがいの　かずは　ひきざんで　もとめる。

> **おうち
> の方へ**　まずは，あめやブロックなど具体的なものを使って，合わせる，増やす，取る，違いを比べるなどの場面を自分の手で動かしてつくってみましょう。この場面では何を求める計算を考えるのかを言葉で説明する練習から始めてみてください。

れいだい1

　みかんが　大きい　かごに　5こ，小さい　かごに　4こ　入って
います。　みかんは　あわせて　なんこ　ありますか。

あわせた　かずは　たしざんで　もとめます。

しき　　　5　　＋　　4　　＝　　9
　　　大きい　かごの　　小さい　かごの　　　　あわせた
　　　みかんの　かず　　みかんの　かず　　　　かず

（こたえ）　　9こ

れいだい2

　たけさんは　えんぴつを　18本　もって　います。おとうとに
4本　あげると，もって　いる　えんぴつは　なん本に　なりますか。

のこりの　かずは　ひきざんで　もとめます。

しき　　　18　　－　　4　　＝　　14
　　　はじめの　　あげた　　のこりの
　　　かず　　　　かず　　　かず

（こたえ）　　14本

れいだい3

　じてん車が　5だい　とまって　います。
あとから　4だい　きて，3だい　出ていきました。
じてん車は　なんだい　のこって　いますか。

しき　　5　　＋　　4　　－　　3　　＝　　6
　　　はじめの　　ふえた　　へった　　のこりの
　　　かず　　　かず　　　かず　　　かず

（こたえ）　　6だい

ふえたらたしざん，
へったらひきざんだね。
3つのかずのけいさんは
まえからじゅんに
けいさんするよ。

おうち
の方へ　　場面の説明ができたら，その場面を式で表す練習に移りましょう。文章から式を作る技能は，何
度も繰り返さないと身に付きません。また，式に合ったお話をつくれるようになると，より理解
が深まります。

1 あいさんは クッキーを 2まい たべました。おかあさんは クッキーを 6まい たべました。あいさんと おかあさんは クッキーを あわせて なんまい たべましたか。

（こたえ）＿＿＿＿＿＿＿＿＿＿＿＿＿＿

2 きょうしつの 水そうに めだかが 12ひき いました。先生が 5ひき 入れました。めだかは なんびきに なりましたか。

（こたえ）＿＿＿＿＿＿＿＿＿＿＿＿＿＿

3 でん車に 8人 のって いました。えきで 5人 おりました。でん車に のって いる 人は なん人に なりましたか。

（こたえ）＿＿＿＿＿＿＿＿＿＿＿＿＿＿

こたえは87ページ

④　よしこさんは　あめを　14こ，ゆうきさんは　あめを　3こ
もって　います。よしこさんの　あめの　かずは，ゆうきさんの
あめの　かずより　なんこ　おおいですか。

(こたえ)＿＿＿＿＿＿＿＿＿＿

⑤　バスに　4人　のって　いました。1つめの　バスていで
3人のり，2つめの　バスていで　6人　おりました。バスに　のって
いる　人は　なん人に　なりましたか。

(こたえ)＿＿＿＿＿＿＿＿＿＿

⑥　りくさんは　いろがみを　16まい　もって　いました。おねえさんに
3まい　もらって　5まい　つかいました。いろがみは　なんまいに
なりましたか。

(こたえ)＿＿＿＿＿＿＿＿＿＿

 おうち
の方へ　「お家にじゃがいもが5個あるよ。2個買おうね。合わせると何個になるかな？」，「いちごが7
個あるね。3個食べると残りは何個になる？」などと，生活の中の具体的な場面を使ってたし算
やひき算をする練習を重ねてみてください。

たしざんと　ひきざん（2）

たしざんと　ひきざん

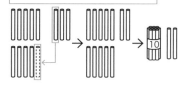
9＋3の　けいさん

9は　あと　1で　10です。

3を　1と　2に　わけます。

9に　1を　たして　10, 10と　2で　12です。

　　9＋3＝12

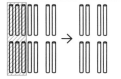
14－6の　けいさん

4から　6は　ひけません。

14を　10と　4に　わけます。

10から　6を　ひいて　4, 4と　4で　8です。

　　14－6＝8

大切 たしざんは　10に　なるように　たす　かずを　わける。

ひきざんは　10と　ほかの　かずに　わけて　10から　ひく。

10の　まとまりの　けいさん

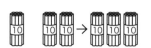
10＋20の　けいさん

10の　まとまりで　かんがえると,

1＋2＝3で　10が　3こで　30です。

　　10＋20＝30

60－20の　けいさん

10の　まとまりで　かんがえると,

6－2＝4で　10が　4こで　40です。

　　60－20＝40

大切 10の　まとまりが　いくつに　なるかを　かんがえる。

おうち
の方へ
9＋3の場合, 解説のやり方の他にも「3はあと7で10だから, 9を7と2に分ける」という
やり方もありますし, 5のまとまりを作って考えてもよいです。そろばんを習っている人は, ま
た違うやり方が考えやすいこともあるでしょう。

れいだい1

りんさんは　あめを　7こ　もって　います。ゆかさんから　あめを
6こ　もらうと　あめは　ぜんぶで　なんこに　なりますか。

7は　あと　3で　10です。

しき　　7　　＋　　6　　＝　　13
　　　はじめの　　　もらった　　　ぜんぶの
　　　かず　　　　　かず　　　　　かず

（こたえ）　　13こ

れいだい2

こうえんに　子どもが　11人　います。3人　かえりました。
こうえんに　いる　子どもは　なん人に　なりましたか。

11を　10と　1に　わけます。

しき　　11　　－　　3　　＝　　8
　　　はじめの　　　かえった　　　のこりの
　　　かず　　　　　かず　　　　　かず

（こたえ）　　8人

れいだい3

チョコレートが　30こ，あめが　10こ　あります。
チョコレートは　あめよりも　なんこ　おおいですか。

しき　　30　　－　　10　　＝　　20
　　　チョコレートの　　　あめの　　　ちがいの
　　　かず　　　　　　　かず　　　　　かず

（こたえ）　　20こ

10のまとまりで
かんがえると，
3－1とみる
ことができるね。

おうち
の方へ

11－3にもまた，いろいろなやり方が考えられます。解説のやり方は一例にすぎませんから，
自分で「やりやすいな」と感じるやり方を見つけることが大切です。試行錯誤する機会をつくっ
て，できてもできなくても，自分でしっかり考えたことをたくさんほめてあげてください。

1　でん車に　6人　のって　いました。えきで　9人　のって
きました。ぜんぶで　なん人に　なりましたか。

（こたえ）＿＿＿＿＿＿＿＿＿＿＿＿＿＿＿

2　ふうせんが　15こ　あります。8人の　子どもに　1こずつ
ふうせんを　くばります。ふうせんは　なんこ　あまりますか。

（こたえ）＿＿＿＿＿＿＿＿＿＿＿＿＿＿＿

3　さとしさんは　えんぴつを　20本　もって　います。ゆうとさんは
さとしさんより　えんぴつを　10本　おおく　もって　います。
ゆうとさんの　もって　いる　えんぴつは　なん本ですか。

（こたえ）＿＿＿＿＿＿＿＿＿＿＿＿＿＿＿

 おうち
の方へ　かけ算の九九のように，たし算九九，ひき算九九もあります。文章題では式を作ることが大切ですが，かけ算の九九を覚えるのと同様に，1＋1＝2から9＋9＝18，2－1＝1から18－9＝9までの計算が反射的にできると，後々便利かもしれません。

こたえは 88 ページ

④ まことさんの おじいさんは ことし 70さいに なります。
まことさんと おじいさんは 60さい としが ちがいます。
まことさんは ことし なんさいに なりますか。

（こたえ）＿＿＿＿＿＿＿＿＿＿＿＿＿＿

⑤ なおみさんは わなげを 2かい しました。1かいめは 4てん,
2かいめは 0てん でした。なおみさんが とった てんは ぜんぶで
なんてんですか。

（こたえ）＿＿＿＿＿＿＿＿＿＿＿＿＿＿

⑥ 子どもが 1れつに ならんで います。たけるさんの まえに
3人, うしろに 6人 います。ならんで いる 人は ぜんぶで
なん人ですか。

（こたえ）＿＿＿＿＿＿＿＿＿＿＿＿＿＿

⑤は0のたし算をする問題です。0点とは“何も点が入らない”という場面を表していることを理解することが大切です。そのうえで，何もないものをたしたりひいたりしても数は変わらないことを理解できるようにしましょう。

37

かずの　せいり

どうぶつの　おおいと　すくないを　しらべます。

どうぶつの　大きさを　そろえます。

おなじ　どうぶつを　たてに
ならべて　せいりします。
いちばん　おおい　どうぶつは
いぬ🐕です。
いちばん　すくない　どうぶつは
ぞう🐘です。

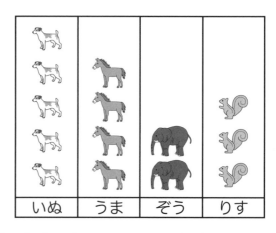

大切　ものが　いくつも　ある　ときは，えを　ならべて　せいりする。
　　　　せいりする　ときは，おおきさを　そろえて　ならべる。

**おうち
の方へ**　1年生では，個数を比べるものを表す絵を並べて，表したり読み取ったりすることで，2年生以降で学ぶグラフの基礎を学びます。2年生では，〇を使ったグラフで表すことを学習し，3年生では，棒グラフで表すことを学習します。学年が上がる中で，数量を比べるためにものを記号化していきます。

れいだい1

　ちゅう車じょうに　車が　とまって　います。
とまって　いる　車の　しゅるいを　しらべたら
下のように　なりました。

おなじかずの車もあるよ。
なんの車となんの車か
わかるかな？

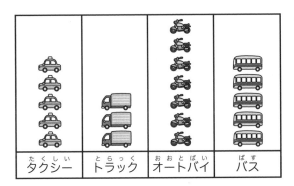

タクシー	トラック	オートバイ	バス

（1）　タクシーは　なんだいですか。

（2）　いちばん　おおい　車は　どれですか。

（1）　タクシーの　かずを　かぞえます。

（こたえ）　　5だい

（2）　ならべた　たかさが　いちばん　たかい　車は　オートバイです。

タクシー	トラック	オートバイ	バス

（こたえ）オートバイ

おうち
の方へ

2種類のものの個数を数えたり，個数を比べたりすることは，これまでも学んできましたが，この単元では，3種類以上のものの数を比べる場面で必要な技能を身に付けます。また今後，統計を学んで使いこなすためにも，基礎の基礎といえる内容です。

れんしゅうもんだい ・•● かずの せいり ●•・

1 下の えの ♠は スペード, ♥は ハート, ◆は ダイヤ,
♣は クラブです。マークの かずだけ
右の ずに いろを ぬって, つぎの
もんだいに こたえましょう。

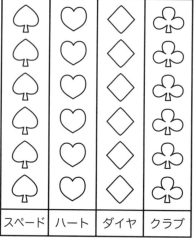

（１） いちばん おおい マークは どれですか。

（こたえ）＿＿＿＿＿＿＿＿＿＿

（２） いちばん すくない マークは どれですか。

（こたえ）＿＿＿＿＿＿＿＿＿＿

（３） かずが おなじ マークは, どれと どれですか。

（こたえ）＿＿＿＿＿＿＿＿＿＿

おうち
の方へ　何種類か味が入っているチョコレートやあめの袋１つの中に，それぞれの味が何個入っているか，
並べてみると，整理した図と同じように簡単にどの味が多いか，グラフの表現で比べる経験をす
ることができます。

40

2 5月1日から 5月21日までの てんきを しらべて まとめました。
☀ は はれ, ☁ は くもり, ☂ は あめです。つぎの もんだいに
こたえましょう。

日 (にち)	月 (げつ)	火 (か)	水 (すい)	木 (もく)	金 (きん)	土 (ど)
1日	2日	3日	4日	5日	6日	7日
☁	☁	☀	☀	☁	☁	☀
8日	9日	10日	11日	12日	13日	14日
☀	☁	☂	☂	☀	☁	☀
15日	16日	17日	18日	19日	20日	21日
☀	☀	☂	☁	☀	☂	☂

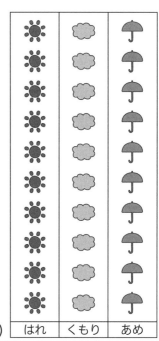

（1） はれ☀ くもり☁ あめ☂ の
かずだけ 右の えに ○を つけましょう。

（こたえ）

（2） いちばん おおい てんきは どれですか。

（こたえ）

おうち
の方へ
②のように，実際の過去の天気を調べてまとめてみるなど，生活の中でも活用できる場面があります。他にも，花の数を色ごとに比べたり，本の数を種類ごとに比べたりすることもできます。自由研究など，調べ学習をまとめるときにも，武器になるのではないでしょうか。

けいさんめいろ

スタートから ゴールまで, ○の 中の
かずを たしながら すすみます。
いちど とおった ○は とおれません。

れい ▶ たした こたえが いちばん 小さく なるように すすみます。
ゴールした ときの こたえは いくつですか。

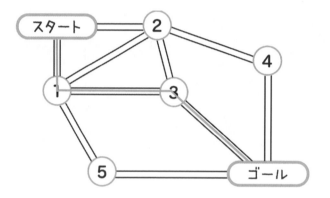

こたえ ▶ 4

れい ▶ たした こたえが いちばん 大きく なるように すすみます。
ゴールした ときの こたえは いくつですか。

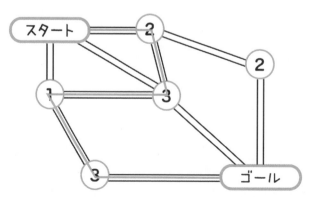

こたえ ▶ 9

▶ たした こたえが いちばん 小さく なるように すすみます。
ゴールした ときの こたえは いくつですか。

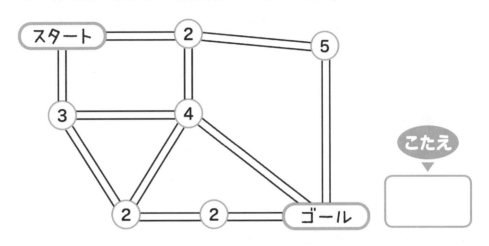

こたえ
▼

▶ たした こたえが いちばん 大きく なるように すすみます。
ゴールした ときの こたえは いくつですか。

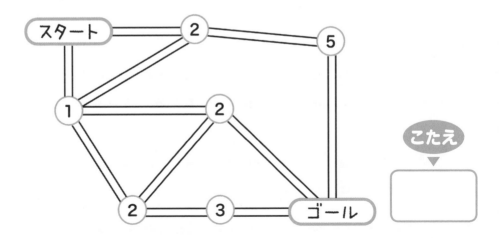

こたえ
▼

答えは 105 ページ

どちらが　ながい

えんぴつの　ながさを　くらべます。
はしを　そろえて　ならべます。

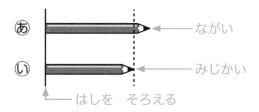

あの　ほうが　ながい。
いの　ほうが　みじかい。

目もりや　ますが　いくつぶん　あるかで　ながさを　くらべます。
目もりの　かずを　かぞえます。

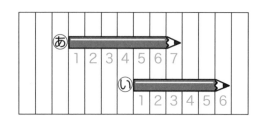

あは　目もりが　７つぶん，
いは　目もりが　６つぶん。
あの　ほうが　ながい。
いの　ほうが　みじかい。

大切　まっすぐな　ものの　ながさは，はしを　そろえて　ならべて
くらべる。
おなじ　ものが　いくつぶん　あるかで　ながさを　くらべる
ことが　できる。

　長さを比べたいものについて，直接並べたり重ねたりして長さを比べることを直接比較といいます。大きいものや動かせないものの長さを比べたいときは，紙テープや棒などに長さを写し取れば比べることができます。これを間接比較といいます。これらは数値が必要なく，比較の基礎です。

れいだい1

いちばん　ながいのは　どれですか。

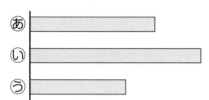

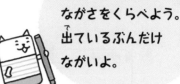

はしをそろえて，
ながさをくらべよう。
で出ているぶんだけ
ながいよ。

はしを　そろえて　くらべます。

いちばん　ながいのは　⓪です。つぎに
ながいのは　⑧です。

いちばん　みじかいのは　⑨です。

（こたえ）　⓪

れいだい2

いちばん　ながいのは　どれですか。

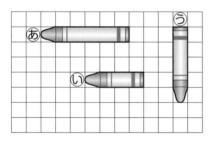

ます目のかずが
おおいほうがながいね。

ますの　かずを　かぞえて　くらべます。

⑧は　6つぶん，⓪は　4つぶん，

⑨は　5つぶんです。

いちばん　ながいのは　⑧です。

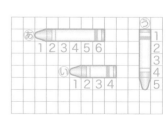

（こたえ）　⑧

おうち
の方へ

比べるものより小さいものを単位として，それがいくつ分かで比べる方法もあります。この方法を任意単位による比較といいます。れいだい2ではます目が任意単位です。この方法は，数値を用いた考え方になっているので，どれだけ長いかを表しやすくなります。

1 どちらが　ながいですか。あか　いで　こたえましょう。

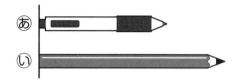

あ
い

（こたえ）＿＿＿＿＿＿＿＿＿＿＿＿＿＿＿＿＿＿

2 どちらが　みじかいですか。あか　いで　こたえましょう。

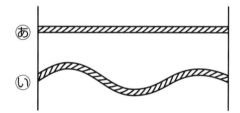

あ
い

（こたえ）＿＿＿＿＿＿＿＿＿＿＿＿＿＿＿＿＿＿

おうち
の方へ

②が難しいと感じている場面は，リボンや毛糸などを使って実際に比べてみてください。「まっすぐに伸ばして比べてみよう」と声をかけ，あといの図，それぞれにリボンを沿わせて測り取ってあげましょう。考えやすくなるのではないでしょうか。

答えは92ページ

3 下の えを 見て, つぎの もんだいに こたえましょう。

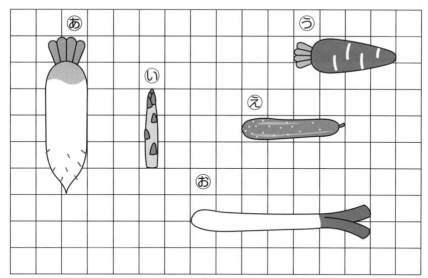

（1） ㋐と ㋔は どちらが ながいですか。㋐か ㋔で こたえましょう。

（こたえ）

（2） ながさが おなじ ものは どれと どれですか。㋐から ㋔までの 中から 2つ えらびましょう。

（こたえ）

（3） いちばん みじかいのは どれですか。㋐から ㋔までの 中から 1つ えらびましょう。

（こたえ）

 おうちの方へ ③の野菜のように，家の中にも長さを比べられるものがたくさんあります。手で持ち運べるものは直接比較ができますが，家具や窓の長さは間接比較や任意単位による比較が必要です。いろいろなものを比べて，長さに対する関心を引き出しましょう。

どちらが　ひろい

ノートの　ひろさを　くらべます。

はしを　そろえて　かさねます。

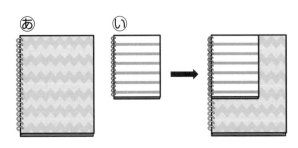

ⓐが　ⓘから　はみ出るので,

ⓐの　ほうが　ひろい。

ⓘの　ほうが　せまい。

ますが　いくつぶん　あるかで　ひろさを　くらべます。

ますの　かずを　かぞえます。

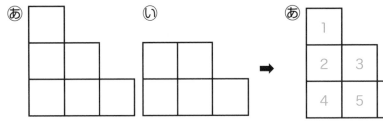

ⓐは　ますが　6つぶん,

ⓘは　ますが　5つぶんなので,

ⓐの　ほうが　ひろい。

ⓘの　ほうが　せまい。

大切 ひろさは　はしを　そろえて　かさねて　くらべる。

おなじ　ものが　いくつぶん　あるかで　ひろさを　くらべる

ことが　できる。

　長さのときと同様に，広さも直接比べることを直接比較，紙などに広さを写し取って比べること
を間接比較，同じものがいくつぶんあるかで比べることを任意単位による比較といいます。上の
解説では，直接比較と任意単位による比較を取り上げています。

れいだい1

どちらが　ひろいですか。

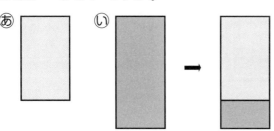

あと　いの，はしをそろえて
かさねて，ひろさを
くらべよう。

あと　いの　はしを　そろえて　かさねると，いが
あから　はみ出ます。ひろいのは　いです。

（こたえ）　　い

れいだい2

いちばん　ひろいのは　どれですか。

ますの　かずを　かぞえて　くらべます。
ますの　かずが　おおいほうが　ひろいです。
あは　9こぶん，いは　10こぶん，
うは　8こぶんです。
いちばん　ひろいのは　いです。

（こたえ）　　い

おうち
の方へ

間接比較は，たとえば「勉強机と食卓テーブルだと，どちらが広く使えるかな」といった場面で
活躍します。勉強机の広さを大きな紙に写し取って，食卓テーブルの上にのせれば，どちらのほ
うが広く使えるか，一目瞭然ですね。

1 下のように あと いを かさねました。どちらが せまいですか。
あか いで こたえましょう。

（こたえ）_____

2 右のように 3まいの ハンカチを かさねました。
いちばん ひろいのは どれですか。あ，い，うの
中から 1つ えらびましょう。

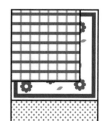

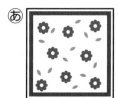 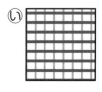 

（こたえ）_____

「ここは東京ドーム20個分の広さがあります！」などという表現を聞いたことがあるのではないでしょうか。この"○○の広さ□個分"という表現は任意単位による比較を用いています。先の例でいえば，"東京ドーム"が任意単位です。

3 下の ずを 見て，つぎの もんだいに こたえましょう。

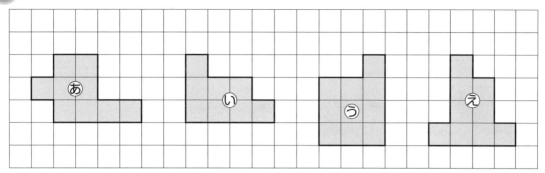

（1） いちばん せまいのは どれですか。あから えまでの 中から 1つ えらびましょう。

（こたえ）_____

（2） ひろさが おなじ ものは，どれと どれですか。あから えまでの 中から 2つ えらびましょう。

（こたえ）_____

どちらが おおい

入れ_いものの 大きさ_{おお}を くらべます。
中_{なか}に 入れます。

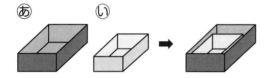

あの ほうが 大きい。
いの ほうが 小_{ちい}さい。

おなじ 入れものに 入_{はい}って いる 水_{みず}の かさを くらべます。
水の たかさを 見_みます。

あの かさ　　あの ほうが おおい。
いの かさ　　いの ほうが すくない。

ちがう 入れものに 入って いる 水の かさを くらべます。
おなじ 大きさの 入れものの なんばいぶんか かぞえます。

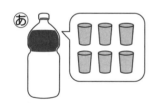 

あの ほうが おおい。
いの ほうが すくない。

大切 入れものの 大きさは 中に 入れて くらべる。
おなじ 大きさの 入れものに 入って いる 水の かさは 水の
たかさを くらべる。
おなじ 大きさの 入れものが なんばいぶん あるかで 水の
かさを くらべる ことが できる。

おうち
の方へ　　かさも，間接比較の手法があります。たとえば，大きさも形も違う入れものAとBがあり，どちらのほうが多く水を入るか知りたいとします。まず，Aの入れもの一杯に水を入れます。その水をBの入れものに移し，あふれなければBの入れもののほうが多く入ることがわかります。

れいだい1

どちらが　おおいですか。

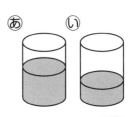

おなじ　大きさの　入れものなので，そこの
ひろさも　おなじです。水の　かさは　水が
入った　ぶぶんの　たかさで　くらべます。

⑦の　ほうが
たかいので，水が
おおく　入って
いるのは　⑦です。

（こたえ）　⑦

おなじ入れものに
入っているから，
たかさで
くらべよう。

れいだい2

2つの　びんに　入って　いる　ジュースを，
おなじ　大きさの　コップに　入れて
くらべます。どちらが　おおいですか。

おなじ大きさの
コップに入れれば
かさがくらべられるね。

⑦は　コップ　5はいぶん，⑦は　コップ　7はいぶんなので，
ジュースが　おおく　入って　いるのは　⑦です。

（こたえ）　⑦

おうち
の方へ

生活の中でかさを比べる場合，同じコップ2個に入れたジュースのかさを比べるなど，直接比較を
使うことが多いかもしれません（れいだい2のように，同じコップを12個使うことは難しいです
よね）。しかし，任意単位による比較は数値を用いるので，どれだけ多いかを表しやすくなります。

1 おなじ 大きさの 入れものに 水が 入って います。水は どちらが すくないですか。⑳か ⓘで こたえましょう。

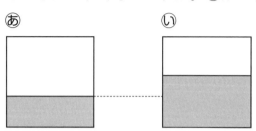

（こたえ）＿＿＿＿＿＿＿＿＿＿＿＿＿＿＿

2 ちがう 大きさの 入れものに おなじ たかさまで 水が 入って います。水は どちらが おおいですか。⑳か ⓘで こたえましょう。

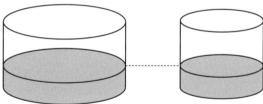

（こたえ）＿＿＿＿＿＿＿＿＿＿＿＿＿＿＿

②が難しいと感じているようなら，形が違う透明の容器を２つ用意して同じ高さまで水を入れて，比べてみてください。同じ大きさの空の容器を別に２つ用意して，それぞれ全部移し替えると，もともとの水の量の違いが実感できるはずです。

答えは 95 ページ →

3 いろいろな　入れものに　水が　入って　います。水を　おなじ
大きさの　コップに　うつすと，下の　えのように　なります。つぎの
もんだいに　こたえましょう。

（1）　あに　入って　いる　水は，いに　入って　いる　水より，コップ
　　　なんばいぶん　おおいですか。

（こたえ）

（2）　水が　いちばん　おおく　入って　いる　入れものは　どれですか。
　　　あから　えまでの　中から　1つ　えらびましょう。

（こたえ）

おうち
の方へ

P.53では "生活の中で直接比較を使うことが多い" と書きましたが，生活の中で任意単位を用
いることもあります。料理中に「しょう油を大さじ3杯入れる」とか，「植木鉢にコップ2杯，
水をあげてね」など，わかりやすい単位で量を表現できる方法です。

ふしぎなはこ

いろいろな かたちを 中に 入れると, ❶, ❷の ように
かわって 出て くる ふしぎな はこが あります。

❶

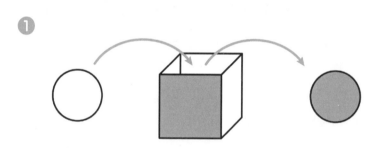

❷

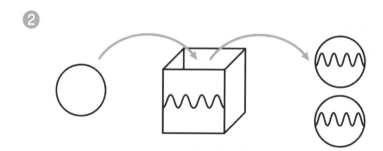

下のような　かたちを　はこに　入れると，どのように　かわりますか。
あ から　お までの　中から，1つずつ　えらびましょう。

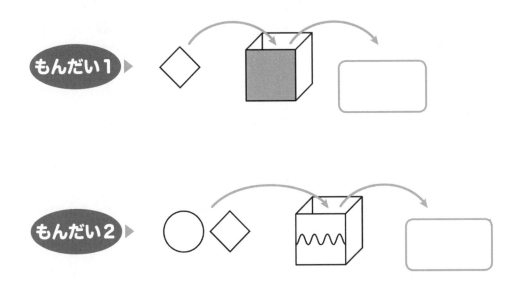

もんだい1 ▶

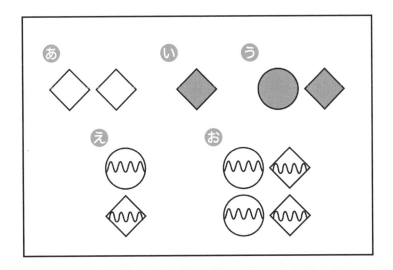

もんだい2 ▶

あ　　　　　　い　　　　　う

え　　　　　お

答えは 106 ページ

いろいろな　かたち

はこの　かたち

つつの　かたち

ボールの　かたち

ま上から
見た　かたち

かたちの　たいらな　ところは　かみに
うつしとる　ことが　できます。

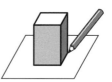

大切　はこの　かたち，つつの　かたち，ボールの　かたちが　ある。

つみ木の　かず

右の　ずのように
つみ木を　つみました。

下の　だんには　4こ，
上の　だんには　3こ
つみ木が　あります。
つみ木は　ぜんぶで
7こです。

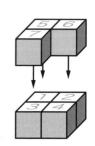

大切　つみあげられた　ものの　かずを　かぞえる　ときは
かくれた　ところも　かぞえる。

おうち
の方へ　形の単元では，まず身の回りにどんな形があるかを探し，仲間分けします。サイコロやお菓子の
箱，缶詰やジュースの缶，ビー玉やボールなど，家の中で探してみてください。「誰がいちばん
多くつつの形のものを見つけられるか競争しよう」と，ゲームのようにしてもよいです。

れいだい1

右の　かたちと　おなじ
かたちは　どれですか。

クッキー

ⓐ 　　ⓘ　　ⓤ

ⓐは　はこの　かたち，ⓘは　ボールの　かたち，
ⓤは　つつの　かたちです。この　かたちは
はこの　かたちです。　　　　（こたえ）　　ⓐ

はこのかたち，
つつのかたち，
ボールのかたちのうち
どれになるのか，
かんがえよう。

かくれたつみ木を
見つけるには，
1だんずつかぞえると
よいね。

れいだい2

へやの　かどに　おなじ　大きさの　つみ木を
つみました。どちらが　おおいですか。

ⓐ 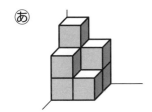　　ⓘ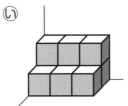

1だんめ　2だんめ　3だんめ

1	2		5	6		8
3	4		7			

1だんめ　　　2だんめ

1	2	3		7	8	9
4	5	6				

かくれた　つみ木に
きを　つけて，下から
1だんずつ
かぞえます。
つみ木の　かずが
おおいのは　ⓘです。

（こたえ）　　ⓘ

おうち
の方へ　　いろいろな形を見つけたら，いろいろな方向から観察しましょう。"こっちから見ると四角だけど，こっちから見ると丸"や"どこから見ても丸"などがよくわかります。このことから仲間分けをしていきます。

1 は　どの　かたちと　おなじですか。あ，い，うの　中（なか）から

1つ　えらびましょう。

あ　はこの
　　かたち

い　ボール（ぼおる）の
　　かたち

う　つつの
　　かたち

（こたえ）

2 　右（みぎ）の　ように，つみ木（き）を　かみの　上（うえ）に
おいて，かみに　かたちを　うつしとります。
うつしとった　かたちは　どれですか。
あから　えまでの　中から　1つ
えらびましょう。

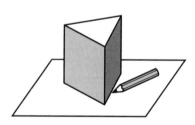

あ

い

う

え

（こたえ）

答えは96ページ

3 へやの　かどに　おなじ　大_{おお}きさの　つみ木を　つみました。
つぎの　もんだいに　こたえましょう。

（1）どちらが　おおいですか。⑯か　⑰で　こたえましょう。

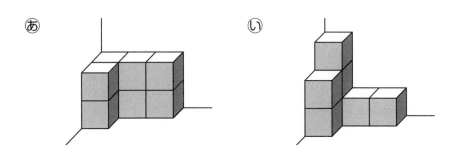

ⓐ　　　　　　　　　　ⓘ

（こたえ）＿＿＿＿＿＿＿＿＿＿＿＿＿＿＿＿

（2）どちらが　すくないですか。⑯か　⑰で　こたえましょう。

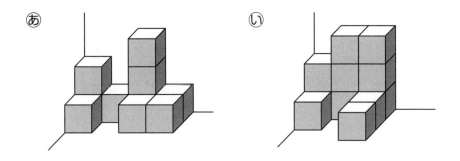

ⓐ　　　　　　　　　　ⓘ

（こたえ）＿＿＿＿＿＿＿＿＿＿＿＿＿＿＿＿

おうち
の方へ

積まれている積み木を数えるのは，コツをつかまないと難しいかもしれません。可能であれば，同じ大きさのサイコロや積み木を何個も準備し，重ねたり数えたりして立体の感覚を養いましょう。少し難しいですが，折り紙でサイコロの形を作ることもできます。

ほうこうと いち

バスの まえに あるのは トラックです。
きゅうきゅう車は バスの うしろに
あります。

トラック　　バス　きゅうきゅう車

はなさんから 見て，みゆさんは
かずまさんの 右に います。
はなさんから 見て，かずまさんの
左に いるのは はやとさんです。

じゅくの 下に あるのは
ほんやです。
はいしゃは パンやの 上に
あります。

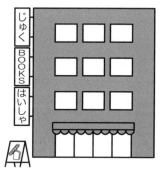

4かい　じゅく

3かい　ほんや

2かい　はいしゃ

1かい　パンや

大切 まえと うしろ，右と 左，上と 下のような ことばで，
ものの いちを あらわす ことが できる。

**おうち
の方へ** 位置とは，ものがどこにあるか，そのものがあるところを示しています。それぞれのものが，それぞれの位置をもっています。数学の中で使う方向とは，位置をもつ２つのものの間にある関係のことをいいます。

れいだい1

ねこの　まえに　いる　どうぶつは　なんですか。

かおがむいているほうが
まえだよ。

うさぎ　　　　ねこ　　　　いぬ

ねこは　まん中（なか）に　います。

ねこの　まえに　いるのは　うさぎです。

(こたえ)　うさぎ

れいだい2

やきゅうボール（ぼおる）の　上に　ある　ものは　なんですか。

やきゅうボールは　まん中に　あります。

やきゅうボールの　上に　あるのは
サッカー（さっかあ）ボールです。

(こたえ)　サッカーボール

サッカーボール（さっかあ）

やきゅうボール

バレー（ばれえ）ボール

おうち
の方へ
れいだい1は，ねこの視点に立って前と後ろを判断することになります。難しいと感じているようなら，ぬいぐるみなどを本人の前後に置いて同じ状況をつくり，「ねこの役をやってね。前にいるのは誰？」と問いかけてみてください。

① あめの　右_{みぎ}に　ある　おかしは　どちらですか。

チョコレート_{ちょこれえと}　　あめ　　ドーナツ_{どおなつ}

（こたえ）＿＿＿＿＿＿＿＿＿＿＿＿

② たかしさんの　まえに　いるのは　だれですか。

ゆうこさん　　たかしさん　　まなみさん

（こたえ）＿＿＿＿＿＿＿＿＿＿＿＿

 夏の風物詩のスイカ割りは，この単元の練習をするのにちょうどよいかもしれません。誘導される役（割る役）は前後左右の指示を理解する必要があり，誘導する役は相手の目線に立って前後左右の指示を出す必要があります。どちらの役もやってもらいましょう。

答えは 98 ページ →

3 ゆいさんから 見て，うさぎの 左に いる どうぶつは なんですか。

いぬ　　うさぎ　ねこ

ゆいさん　　　（こたえ）＿＿＿＿＿＿＿＿＿＿＿

4 左手に えんぴつを もって いるのは だれですか。あから えまでの 中から 2人 えらびましょう。

あ  　い  　う  　え

（こたえ）＿＿＿＿＿＿＿＿＿＿＿

 おうち の方へ ④が難しいようなら，目の前で何かを持ったまま動く様子を確認してもらうと，考えやすくなるかもしれません。実際に動きながら観察することで，右左の見え方が変化することを確認しましょう。

かたちづくり

かたちの くみあわせ

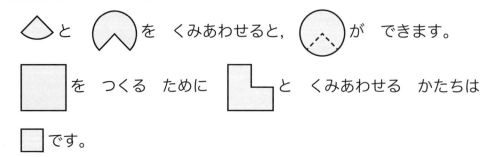

と を くみあわせると, が できます。

を つくる ために と くみあわせる かたちは

です。

大切 かたちを くみあわせると, あたらしい かたちを つくる ことが できる。

かたちづくり

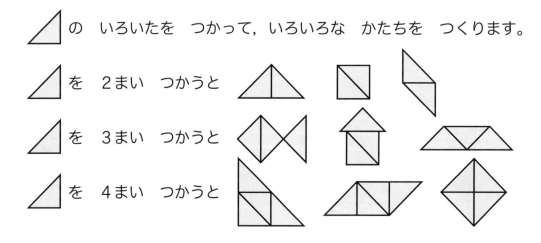

の いろいたを つかって, いろいろな かたちを つくります。

を 2まい つかうと

を 3まい つかうと

を 4まい つかうと

大切 おなじ いろいたを なんまいか つかって いろいろな かたちを つくる ことが できる。

おうち の方へ 形づくりの中では, ぜひ「これは何の形に見えるかな?」と声をかけてください。「三角を2枚並べると大きい三角や四角になる」だけでなく, 2枚使って"山"や, 3枚使って"魚"など身近にあるものにたとえてもよいです。たくさん想像を引き出してください。

れいだい 1

下の ずの かけた ところに ぴったり 入る かたちは どちらですか。

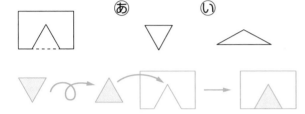

(こたえ)　　あ

れいだい 2

いろいた ◺ を つかって 下のような かたちを つくります。いろいたを なんまい つかいますか。

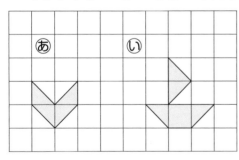

せんをひいて、
いろいたのかたちを
つくってみよう。

いろいたの まいすうを
かき入れて かんがえます。
あは 4まい, いは 6まい
つかいます。

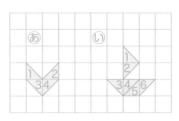

(こたえ)あ4まい　い6まい

① 下の ◗ の かたちと ┌┈┈┐ の 中の かたちを くみあわせて、

■ の かたちを つくります。どれを くみあわせれば よいですか。

㊀, ㋑, ㋒の 中から 1つ えらびましょう。

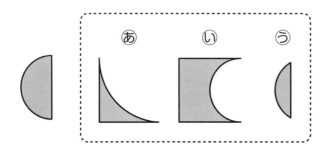

（こたえ） _____

② 下の ◢ の かたちと ┌┈┈┐ の 中の かたちを くみあわせて、

▲ の かたちを つくります。どれを くみあわせれば よいですか。

㊀, ㋑, ㋒の 中から 1つ えらびましょう。

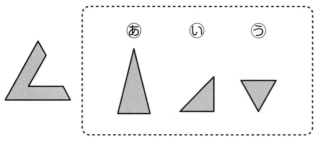

（こたえ） _____

①，②が 進められないようなら，紙で同じ形を作って，実際に動かしてみてください。その上で，
もとの図の形を観察し，①なら「㊀は左の形と合わないね。㋑はよさそう。㋒は細かったね。㋑
で真四角が作れたね」と確認をしていきましょう。

答えは99ページ

3 右の あと おなじ 大きさの いろいたを つかって, いろいろな かたちを つくります。つぎの もんだいに こたえましょう。

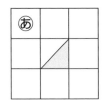

（1） 下の かたちは あの いろいたを なんまい つかいますか。

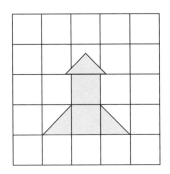

（こたえ）_____

（2） 下の かたちは あの いろいたを どのように ならべれば よいですか。ならべかたが わかるように, せんを ひきましょう。

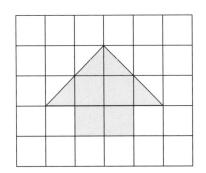

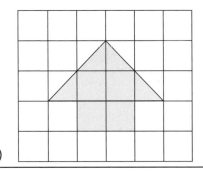

（こたえ）_____

おうちの方へ　③が難しい場合，あの色板がどう並べられて形が作られているかを，考える必要があります。それぞれの図形に線を引いて，あの形に分けるように促してみてください。あの色板の並び方を確認した上で，数を数えるよう支援しましょう。

とけい

ながい　はりが　12を　さす　ときは
ちょうどの　じかんを　あらわします。

とけいは　9じを
あらわして　いる。

みじかい　はりは　なんじを，
ながい　はりは　なんぷんを
あらわします。

ながい　はりの　1目もりは　1ぷんです。12の　目もりから　かぞえて
なんばんめを　さして　いるかで　なんぷんか　わかります。
みじかい　はりが　かずと　かずの　あいだに　ある　ときは，小さいほうの
かずを　よみます。

みじかい　はりは　9と
10の　あいだに　あるので　9じ。
ながい　はりは　4を　さして
いて　20ばんめ　なので　20ぷん。

とけいは　9じ20ぷんを
あらわして　いる。

大切 みじかい　はりは　なんじを，ながい　はりは　なんぷんを
あらわす。

おうち
の方へ　1年生の時計の単元は，生活の中で必要な時刻を意識し，見通しをもって行動したり，予定を考
えたりできるようになることがねらいです。この "見通しをもつ" ために，アナログ時計は最適
です。アナログ時計は，パッと見てだいたいの時刻を把握できます。

れいだい1

右の とけいは
なんじですか。

ながい はりは 12を,
みじかい はりは 7を
さして いるので,
7じです。

ながいはりが 12を
さしているので,
みじかいはりがさしている
かずをよめばよいね。

（こたえ）　7じ

れいだい2

右の とけいは
なんじなんぷんですか。

みじかい はりは
10と 11の
あいだに
あるので 10じです。
ながい はりは 3を さして いて,
15ばんめ なので 15ふんです。

みじかいはりは,
小さいほうのかずを
よむよ。

（こたえ）　10じ15ふん

おうち
の方へ

たとえば，10時に家を出る予定とします。時計が9時20分を指している（P.70）のを見ると，時刻を数値化しなくても10時までの残り時間がおおよそつかめるので，「長針が8を指すまで○○をして，10を指すまでに準備を終わらせよう」などとだいたいの行動を考えられます。

1 下の とけいは なんじなんぷんですか。

（1）

（こたえ）＿＿＿＿＿＿＿＿＿＿＿＿＿

（2）

（こたえ）＿＿＿＿＿＿＿＿＿＿＿＿＿

2 右の えは，えりかさんが いえを 出た ときの とけいです。えりかさんが いえを 出たのは なんじなんぷんですか。

（こたえ）＿＿＿＿＿＿＿＿＿＿＿＿＿

おうち の方へ | ①（2）で，「10時55分」と答えてしまった場合は，「もう10時になっている？」と問いかけてみてください。"長針が12になっていないから，まだ10時じゃない"と気付ければ，「10時になる前の55分だよ。何時55分かな？」と聞きましょう。

答えは 101 ページ

3　つぎの　じかんに　なるように，とけいに　ながい　はりを
かきましょう。

（1）　8じ

（2）　5じ12ふん

4　下の　えは，けんたさん，おとうさん，いもうとが　あさ　おきた
ときの　とけいです。いちばん　早く　おきたのは　だれですか。

けんたさん　　　　　　おとうさん　　　　　　いもうと

（こたえ）＿＿＿＿＿＿＿＿＿＿＿＿＿

**おうち
の方へ**　長針と短針の役割が理解できたら，何時と何時半を練習し，次に何時何分を練習します。今まで
のたし算・ひき算の学習と違い，時計は60で次の位に上がるため，混乱してしまうことがある
かもしれません。実際の時計を見て何度も練習することが大切です。

かずあそび

1, 2, 3, 4, 5, 6が かかれた 6まいの カードが
あります。カードは 2まいずつ ひもで つながって いて,
つながった 2まいの カードの かずを たすと, どれも
おなじ こたえに なります。
1, 3, 5の カードと つながる カードの かずを
かんがえるとき, **あ**の カードの かずは いくつでしょう。

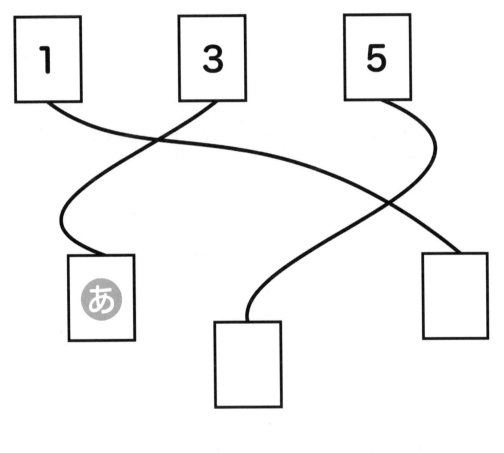

1 　ふくろの　中_{なか}に，①，②，③，④，⑤の　5まいの　カード_{かあど}が
あります。ひろとさんは，ふくろの　中から　カードを　3まい
とり出_だしました。3まいの　カードに　かかれた　かずを　ぜんぶ
たすと，10に　なりました。とり出した　カードの　1まいが　④の
とき，のこり　2まいの　カードに　かかれた　かずを　こたえましょう。

（こたえ）_____

2 　下_{した}のように，♡と　☆を　左_{ひだり}から　じゅんばんに　ならべて
いきます。

つぎの　もんだいに　こたえましょう。

（1）　左から　10ばんめは，♡と　☆の　どちらですか。あか　いで
こたえましょう。

（こたえ）_____

（2）　左から　15ばんめまでに，☆は　なんこ　ありますか。

（こたえ）_____

3　右の　あの　いたを　なんまいか　つかって
かたちを　つくります。つくれない　かたちは
どれですか。かから　けまでの　中から　1つ
えらびましょう。

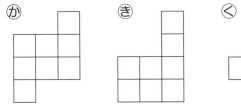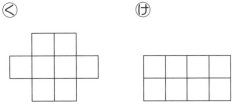

（こたえ）＿＿＿＿＿＿＿＿＿＿

4　赤, 青, 白, くろの　4この　ボールが　あります。これらの
ボールに　ついて, おもさを　くらべると, 下のように　なります。
いちばん　おもい　ボールは　なにいろですか。

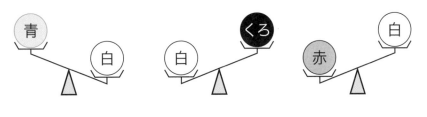

（こたえ）＿＿＿＿＿＿＿＿＿＿

解答・解説

かず

P14, 15

かいとう

1 ⑤

2 （1）⑤　　（2）⑤

3 （1）10こ　（2）3こ
　（3）⑥

4 2こ

かいせつ

1

🍰, 🍬, 🍫, 🍩の
かずだけ　○を　かいて
くらべます。

ケーキ　○○○○○○○
⑤　　　○○○○○○○○
⑥　　　○○○○○
⑤　　　○○○○○○○

ケーキと　おなじ　かずの
ものは，⑤です。

　（こたえ）　　　⑤

2

⑤🏏の　かずだけ　△を，
⑥⚾の　かずだけ　○を，
⑤🧤の　かずだけ　□を
かいて　くらべます。

⑤　△△△△△△△
⑥　○○○○○
⑤　□□□□

（1）　いちばん　すくない
　　ものは，□の　⑤です。

　　　（こたえ）　　　⑤

（2）　いちばん　おおい
　　ものは，△の　⑤です。

　　　（こたえ）　　　⑤

3

（1）　くだものは　ぜんぶで
　　10こです。はしから
　　じゅんばんに　かぞえます。

1　2　3　4　5　6　7　8　9　10

　　　（こたえ）　　10こ

（2） りんごに ╱ の しるしを
つけながら かぞえます。

りんごの かずは 3こです。
　　（こたえ）　　3こ

（3） バナナに ╱ の しるしを
つけながら かぞえます。

バナナの かずは 3こです。

みかんに ╱ の しるしを
つけながら かぞえます。

みかんの かずは 4こです。
4こ ある くだものは
みかんの ⓲です。
　　（こたえ）　　⓲

4
やきゅうボールの かずだけ
△を, バレーボールの

かずだけ ○を かいて
くらべます。

←2こ　おおい

　　（こたえ）　　2こ

①=2 なんばんめ
P18, 19

かいとう

1 （1） 4ばんめ （2） 3人
2 （1） 3ばんめ （2） メモちょう
3 （1） ねぎ　　　（2） 4こ
4 （1） 左から 3ばんめで,
　　　上から 1ばんめ

（2） なおこさん

かいせつ

1

（1） うしろから じゅんばんに
かぞえると, ひろきさんは
4ばんめです。

まえ　けんと ひとみ ひろき ゆうこ たかし まなみ　うしろ
　　　　　　　　　 4　　3　　2　　1 うしろから
　　（こたえ）　　4ばんめ

（2） ゆうこさんの まえに
いるのは 🔲の けんとさん，
ひとみさん，ひろきさんなので
3人です。

（こたえ）　3人

② （1）　上から じゅんばん
かぞえると，おりがみは
3ばんめです。

（こたえ）　3ばんめ

（2）　下から じゅんばんに
かぞえます。5ばんめは，
メモちょうです。

（こたえ）　メモちょう

③ （1）

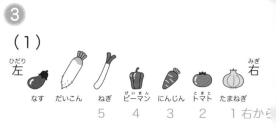

右から じゅんばんに
かぞえると，5ばんめに ある
やさいは，ねぎです。

（こたえ）　ねぎ

（2）　にんじんより　左に　ある

　　　やさいは，なす，だいこん，ねぎ，

　　　ピーマンなので　4こです。

　　　　　　（こたえ）　　4こ

4

（1）　みおさんの　ロッカーを

　　　左からと，上から

　　　じゅんばんに　かぞえます。

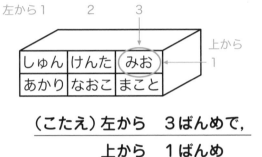

左から1　　　2　　　3

上から

しゅん	けんた	みお
あかり	なおこ	まこと

　　（こたえ）左から　　3ばんめで，

　　　　　　　上から　　1ばんめ

（2）　左から　2ばんめで，下から

　　　1ばんめの　ロッカーを

　　　かぞえて　さがします。

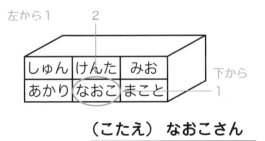

左から1　　　2

下から1

しゅん	けんた	みお
あかり	なおこ	まこと

　　　（こたえ）　なおこさん

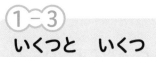

1−3　いくつと　いくつ

P22，23

かいとう

1 （1）4　　　（2）3

2 （1）2こ　（2）4こ

3 （1）5こ　（2）7こ

4 （1）5つ　（2）2つ

かいせつ

1

（1）　7は，3と　4です。□に

　　　あてはまる　かずは，4です。

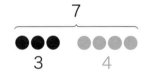

7

●●●　●●●●

3　　　　4

　　　　（こたえ）　　　4

（2）　9は　6と　3です。□に

　　　あてはまる　かずは，3です。

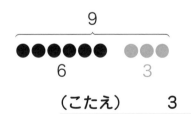

9

●●●●●●　●●●

6　　　　　　3

　　　　（こたえ）　　　3

②

（1） 5は，3と 2です。見えて
いる あめは 3こ なので，
はこの 中に かくれて いる
あめは，2こです。

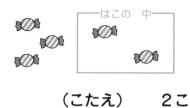

（こたえ）　　2こ

（2） 5は，1と 4です。見えて
いる あめは 1こ なので，
はこの 中に かくれて いる
あめは，4こです。

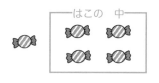

（こたえ）　　4こ

③

（1） 9は，4と 5です。見えて
いる みかんは 4こ なので，
ふくろの 中に かくれて
いる みかんは，5こです。

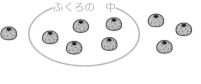

（こたえ）　　5こ

（2） 9は，2と 7です。見えて
いる みかんは 2こ なので，
ふくろの 中に かくれて
いる みかんは，7こです。

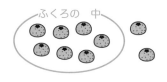

（こたえ）　　7こ

4

（1） 5ずつ せんで かこみます。
　　　5の まとまりは 5つ
　　　できます。

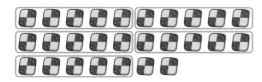

　　　　　（こたえ）　　5つ

（2） 10ずつ せんで かこみます。
　　　10の まとまりは 2つ
　　　できます。

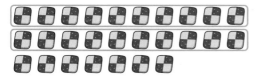

　　　　　（こたえ）　　2つ

1-4
大きい　かず

P26, 27

かいとう

1 123本（ぼん）

2 （1）58　　（2）120

3 （1）100　　（2）15

4 あ 12　　い 29
　 う 81　　え 105

かいせつ

1

　　10本の まとまりが 10こで
100本です。10本の まとまりが
2こで 20本です。
　　ばらが 3本です。
　　100本と 20本と 3本で
123本 あります。

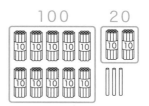

　　　　（こたえ）　　123本

2

（1） 10が 5こで 50, 1が
　　　8こで 8です。
　　　50と 8で, 58です。
　　　　　（こたえ）　　58

（2） 100が 1こで 100, 10が
　　　2こで 20です。
　　　100と 20で, 120です。
　　　　　（こたえ）　　120

③

かずの ならびかたの きまりを
見つけます。

（1）
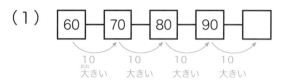

右に すすむほど 10ずつ
大きく なって います。

□に 入る かずは，90より
10 大きい かずで，100です。

（こたえ）　　**100**

（2）
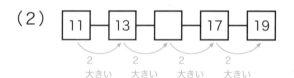

右に すすむほど 2ずつ
大きく なって います。

□に 入る かずは，13より
2 大きい かずで，15です。

（こたえ）　　**15**

④

かずのせんは，右へ いくほど
かずが 大きく なります。

あは，10の 2つ 右の
かずなので，12です。

いは，30の 1つ 左の
かずなので，29です。

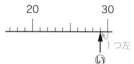

うは，80の 1つ 右の
かずなので，81です。

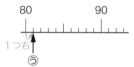

えは，100の 5つ 右の
かずなので，105です

（こたえ）あ　**12**　い　**29**
　　　　　う　**81**　え　**105**

たしざんと　ひきざん（1）
P32，33

かいとう

1 8まい

2 17ひき

3 3人（にん）

4 11こ

5 1人（ひとり）

6 14まい

かいせつ

1

あわせた　かずは　たしざんで
もとめます。

$$2 + 6 = 8$$
あいさんが　　おかあさんが　　あわせた
たべた　かず　たべた　かず　　かず

（こたえ）　　8まい

2

ふえた　かずは　たしざんで
もとめます。

$$12 + 5 = 17$$
はじめの　　　入れた　　　ぜんぶの
かず　　　　　かず　　　　かず

（こたえ）　　17ひき

3

のこりの　かずは　ひきざんで
もとめます。

$$8 - 5 = 3$$
はじめの　　　おりた　　　のこりの
かず　　　　　かず　　　　かず

（こたえ）　　3人

4

ちがいの　かずは　ひきざんで
もとめます。おおい　ほうから
すくない　ほうを　ひきます。

よしこさんの　あめの　かずを
●で，ゆうきさんの　あめの
かずを　○で　あらわします。

よしこ　●●●●●●●●●●●●●●

ゆうき　○○○⎰　　　　　　　　　⎱
　　　　　　　　ちがいの　かず

$$14 - 3 = 11$$
よしこさんの　　ゆうきさんの　　ちがいの
かず　　　　　　かず　　　　　　かず

（こたえ）　　11こ

⑤

　のった　ときは　ふえたので
たしざん，おりた　ときは
へったので　ひきざんで
もとめます。

　　4　＋　3　－　6　＝　1
　はじめの　　　のった　　　おりた　　　のこりの
　かず　　　　　かず　　　　かず　　　　かず

　　はじめの　　　　　1つめの　バスていで
　　かず　　　　　　　のった　かず

　　　　　　2つめの　バスていで
　　　　　　おりた　かず

（こたえ）　　1人

⑥

　もらった　ときは　ふえたので
たしざん，つかった　ときは
へったので　ひきざんで
もとめます。

　　16　＋　3　－　5　＝　14
　はじめの　　もらった　　つかった　　のこりの
　かず　　　　かず　　　　かず　　　　かず

（こたえ）　　14まい

1−6
たしざんと　ひきざん（2）
P36，37

かいとう

① 15人
② 7こ
③ 30本
④ 10さい
⑤ 4てん
⑥ 10人

かいせつ

①

　ぜんぶの　かずは　たしざんで
もとめます。

　　6　＋　9　＝　15
　はじめの　　のった　　ぜんぶの
　かず　　　　かず　　　かず

（こたえ）　　15人

② ふうせんの かずは 子どもの かずより おおいです。子どもに ふうせんを くばると ふうせんが のこります。

のこりの かずは ひきざんで もとめます。

15を 10と 5に わけます。

15 － 8 ＝ 7

ふうせんの　　子どもの　　のこりの
かず　　　　　かず　　　　ふうせんの　かず

（こたえ）　7こ

③ 20本より 10本 おおい かずは、20本に 10本を たして もとめます。

さとし

ゆうと 10本　おおい

20 ＋ 10 ＝ 30

さとしさんの　　さとしさんより　　ゆうとさんの
かず　　　　　　おおい　かず　　　かず

（こたえ）　30本

④ まことさんは、おじいさんより わかいので、まことさんの としの ほうが すくない かずです。まことさんの としは、 おじいさんの としから 60を ひいて もとめます。

70 － 60 ＝ 10

まことさんの　　ちがいの　　まことさんの
おじいさんの　　かず　　　　とし
とし

（こたえ）　10さい

⑤ ぜんぶの てんは、たしざんで もとめます。

4 ＋ 0 ＝ 4

1かいめの　　2かいめの　　ぜんぶの
てん　　　　てん　　　　　てん

4に 0を たしても、かずは おなじです。

（こたえ）　4てん

⑥

　たけるさんの　まえに
ならんで　いる　人(ひと)を　●で,
うしろに　ならんで　いる
人を　○で,たけるさんを
■で　あらわします。
　ぜんぶの　かずは　たしざんで
もとめます。

まえ ●●●■ ○○○○○○ うしろ

3人(にん)　たける　6人
　　　　さん

$$3 \; + \; 1 \; + \; 6 \; = \; 10$$

たけるさんの　　たける　　たけるさんの
まえに　いる　　さん　　うしろに　いる
人の　かず　　　　　　　人の　かず

（こたえ）　　10人

かいとう

①（1）♥（はあと）（ハート）
　（2）♠（すぺえど）（スペード）
　（3）◆（だいや）（ダイヤ）と♣（くらぶ）（クラブ）

②（1）

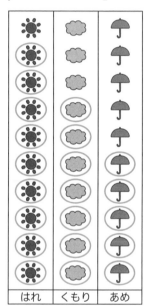

はれ	くもり	あめ

　（2）　はれ

1

マークの かずだけ いろを
ぬります。

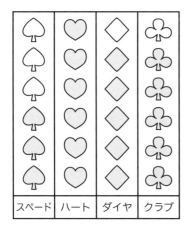

（1） いろを ぬった たかさが
　　いちばん たかい マークが
　　いちばん おおいです。
　　いちばん おおい マークは
　　♥（ハート）です。

　　　　（こたえ）　♥（ハート）

（2） いろを ぬった たかさが
　　いちばん ひくい マークが
　　いちばん すくないです。
　　いちばん すくない マークは
　　♠（スペード）です。

　　　　（こたえ）　♠（スペード）

（3） いろを ぬった たかさが
　　おなじ マークは　◆（ダイヤ）と
　　♣（クラブ）です。
　　　かずが おなじ マークは
　　◆（ダイヤ）と
　　♣（クラブ）です。

（こたえ）　◆（ダイヤ）と♣（クラブ）

②

（1） しるしを つけながら，
　　 せいりします。

日 (にち)	月 (げつ)	火 (か)	水 (すい)	木 (もく)	金 (きん)	土 (ど)
1日	2日	3日	4日	5日	6日	7日
☁	☁	☀	☀	☁	☁	☀
8日	9日	10日	11日	12日	13日	14日
☀	☁	☂	☂	☀	☁	☀
15日	16日	17日	18日	19日	20日	21日
☀	☀	☂	☁	☀	☂	☂

しるしの かずだけ ○を つけます。

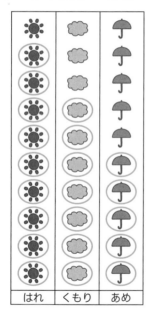

（2） ○を つけた たかさが
　　 いちばん たかい てんきが
　　 いちばん おおいです。
　　 いちばん おおいのは，
　　 はれ ☀ です。

　（こたえ）　はれ ☀

1−8

どちらが ながい

P46, 47

かいとう

1 ⓘ

2 ⓐ

3 （1） ⓞ　（2） ⓤと　ⓔ

　　（3） ⓘ

かいせつ

1

　まっすぐな ものの ながさを
くらべる ときは，はしを
そろえて くらべます。

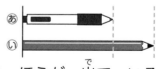

ⓘの ほうが 出(で)て いる
ぶんだけ ながいです。

　（こたえ）　　　ⓘ

②

まっすぐな ものと まがって
いるものは くらべられないので，
いを まっすぐに して
くらべます。

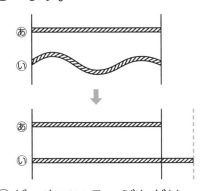

いが 出ている ぶんだけ
あの ほうが みじかいです。

（こたえ）　　あ

③

あから おが ます
なんこぶんの ながさか
かぞえます。

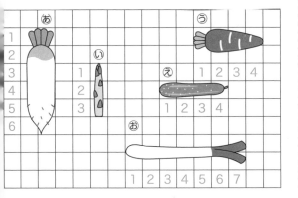

あは，ます　6こぶん，
いは，ます　3こぶん，
うは，ます　4こぶん，
えは，ます　4こぶん，
おは，ます　7こぶんです。

（1）　あは ます　6こぶん，おは
　　　ます　7こぶんなので，
　　　ながいのは，おです。

（こたえ）　　お

（2）　うは，ます　4こぶん，
　　　えも，ます　4こぶんなので，
　　　ながさが　おなじなのは，
　　　うと　えです。

（こたえ）　　うと　え

（3）　いちばん　みじかいのは，
　　　ます　3こぶんの　いです。

（こたえ）　　い

どちらが　ひろい

P50，51

かいとう

1 ⓘ

2 ⓤ

3 （1）ⓘ　（2）ⓐと　ⓔ

かいせつ

1

はしを　そろえて　かさねます。

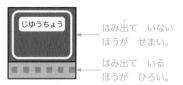

じゆうちょう

はみ出て　いない
ほうが　せまい。

はみ出て　いる
ほうが　ひろい。

ⓐが　ⓘから　はみ出て
いるので，せまいのは　ⓘです。

（こたえ）　　ⓘ

2

ⓐが　ⓘから　はみ出て
いるので，ⓐは，ⓘより
ひろいです。

ⓤが　ⓐから　はみ出て
いるので，ⓤは，ⓐより
ひろいです。

いちばん　ひろいのは，ⓤです。

（こたえ）　　ⓤ

3

ⓐから　ⓔが　ます
なんこぶんの　ひろさか
かぞえます。

		ⓐ								ⓘ				
			1	2						1				
		3	4	5					2	3	4			
		6	7	8	9				5	6	7	8		
		ⓤ					ⓔ							
				1				1						
	2	3	4				2	3						
	5	6	7				4	5						
	8	9	10			6	7	8	9					

ⓐは，ます　9こぶん，

ⓘは，ます　8こぶん，

ⓤは，ます　10こぶん，

ⓔは，ます　9こぶんです。

（1）　いちばん　せまいのは，ます
　　　8こぶんの　ⓘです。

（こたえ）　　　ⓘ

（2） ⓐは，ます　9こぶん，ⓔも，
　　ます　9こぶんなので，おなじ
　　ひろさなのは，ます　9こぶんの
　　ⓐと　ⓔです。

（こたえ）　ⓐと　ⓔ

1＝10
どちらが　おおい
P54，55

かいせつ

1

　　おなじ　大きさの　入れものに
入って　いるので，水の
たかさで　くらべます。

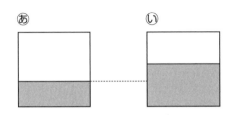

　　水の　たかさが　ひくいので
ⓐの　ほうが　すくないです。

（こたえ）　　ⓐ

2

　　ちがう　大きさの　入れものに
入って　いて，水の　たかさが
おなじ　ときは，入れものの
大きさで　くらべます。
　　入れものが　大きい　ほうが
水が　おおいです。

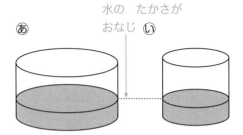

　　入れものが　大きいので　ⓐの
ほうが　水が　おおいです。

（こたえ）　　　　ⓐ

95

③

水が 入って いる コップの
なんばいぶんかで
くらべます。
　あは, コップ　8ぱいぶん,
いは, コップ　6ぱいぶん,
うは, コップ　7はいぶん,
えは, コップ　10ぱいぶんです。

（1）あは, コップ　8ぱいぶん,
　　　いは, コップ　6ぱいぶん
　　　なので, あは, いより,
　　　コップ　2はいぶん　水が
　　　おおいです。

　　　　　（こたえ）　2ばいぶん

（2）水が　いちばん　おおく
　　　入って　いるのは, コップ
　　　10ぱいぶんの　えです。

　　　　　（こたえ）　　　え

いろいろな　かたち

P60, 61

かいとう

1　う

2　い

3　（1）あ　（2）あ

かいせつ

1

は, つつの　かたちなので,

おなじ　かたちは, うです。
　　　（こたえ）　　　う

2

　かみに　うつしとった
かたちは, ま上から　見た
かたちと　おなじです。
　つみ木の　かたちを　ま上から
見た　かたちと　おなじ
かたちなのは, いです。
　　　（こたえ）　　　い

3

下（した）から　1だんずつ　つみ木の
かずを　かぞえます。

（1）　ⓐ　1だんめ

1	2	3
4		

2だんめ

5	6	7
8		

ⓘ　1だんめ

1	2	3
4		

2だんめ

5
6

3だんめ

7

　　ⓐは　ぜんぶで　8こ，ⓘは
ぜんぶで　7こなので，
つみ木の　かずが　おおいのは，
ⓐです。

（こたえ）　　　ⓐ

（2）　ⓐ　1だんめ

1	2	3	4
5		6	7

2だんめ

8		9

3だんめ

10

ⓘ　1だんめ

1	2	3
4		5
		6

2だんめ

7	8	9

3だんめ

10	11

　　ⓐは　ぜんぶで　10こ，ⓘは
ぜんぶで　11こなので，
つみ木の　かずが
すくないのは，ⓐです。

（こたえ）　　　ⓐ

1−12

ほうこうと　いち

P64，65

P64，65

かいとう

1 ドーナツ

2 ゆうこさん

3 いぬ

4 うと　え

かいせつ

1

（左） チョコレート　あめ　ドーナツ （右）

あめの　右に　ある　おかしは
ドーナツです。

（こたえ）　ドーナツ

2

かおが　むいて　いる　ほうが
まえです。

まえ　ゆうこさん　たかしさん　まなみさん　うしろ

たかしさんの　まえに　いるのは，
ゆうこさんです。

（こたえ）　ゆうこさん

3

ゆいさんの　からだの　むきを
見ます。

いぬ　うさぎ　ねこ

（左）   （右）

ゆいさん

ゆいさんから　見て，うさぎの
左に　いるのは，いぬです。

（こたえ）　　いぬ

4

からだの むきに よって
右手と 左手が ぎゃくに
見えます。

あから えまでの 人の右手と
左手は, 下の えのように なって
います。

左手に えんぴつを もって
いる 人は, うと えです。

(こたえ) うと え

かいとう

1 い

2 う

3 (1) 7まい

(2) (れい)

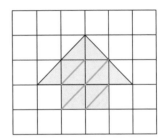

かいせつ

1

いの かたちと

くみあわせると が

できます。

(こたえ) い

❷

　かけた　ところに　あうように，
むきを　かえます。

ⓤ

　ⓤの　かたちを

くみあわせると が

できます。

　　　　（こたえ）　　　ⓤ

❸

（1）　いろいた 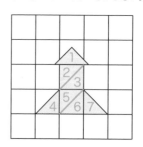 の　かたちに
わけて　かぞえます。

　　いろいたの　かずは
7まいです。

　　　　（こたえ）　　7まい

（2）　いろいた の　かたちに
わけます。

　　（こたえ）（れい）

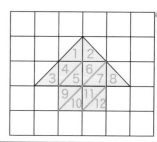

とけい

P72，73

かいとう

1 （1）４じ

（2）９じ５５ふん

2 ７じ３０ぷん

3 （1）

（2）

4 おとうさん

かいせつ

1

（1）ながい　はりが　12を，
　　みじかい　はりが　4を
　　さして　いるので，4じです。

　　　　　　（こたえ）　　４じ

（2）みじかい　はりは　9と
　　10の　あいだを，ながい
　　はりは　11を　さして
　　いて，55ばんめなので，
　　9じ55ふんです。

　　　　（こたえ）９じ55ふん

2

　　みじかい　はりは　7と　8の
　あいだを，ながい　はりは
　6を　さして　いて，
　30ばんめなので，
　7じ30ぷんです。

　　　　（こたえ）７じ30ぷん

3

（1）8じ　ちょうどなので，
　　ながい　はりは，12を
　　さします。

（2）ながい　はりは，12ばんめを
　　さすので，2から　2目もり
　　すすんだ　目もりを　さします。

❹

けんたさんが　おきたのは，
6じ55ふん，おとうさんが
おきたのは，6じ10ぷん，
いもうとが　おきたのは
7じ5ふんです。
いちばん　早く　おきたのは，
おとうさんです。

（こたえ）　おとうさん

算数検定とくゆうもんだい
P76，77

かいとう

1 1と　5

2 （1）ⓘ　（2）10こ

3 ⓚ

4 赤

かいせつ

1

　3まいの　カードの　かずを
○，△，4と　します。
　○と　△と　4を　たすと，10に
なるので，○と　△を　たした
かずは　6に　なります。
　①，②，③，⑤の　中から，
たして　6に　なる　2まいの
カードは，①と　⑤です。

（こたえ）　　1と　　5

2

　☆♡☆が　1つの　まとまりで
ならんで　くりかえして　います。

☐☆♡☆☐ ☐☆♡☆☐ ☐☆♡☆☐
　　　　　☐☆♡☆☐ ☐☆♡☆☐ ‥

（1）

☐☆♡☆☐ ☐☆♡☆☐ ☐☆♡☆☐ ☐☆♡☆☐
　1 2 3　　4 5 6　　7 8 9　　10

　左から　10ばんめの
かたちは　☆です。

（こたえ）　　　　ⓘ

（2）

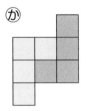

☆	♡	☆	☆	♡	☆	☆	♡	☆	☆
1	2	3	4	5	6	7	8	9	10

15ばんめまでに，☆は
10こ　あります。

（こたえ）　　　10こ

3

いろを　ぬって　かんがえます。

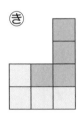

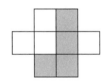

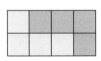

⟨は，あの　かたちだけで
つくれません。

（こたえ）　　　⟨

4

えから　つぎの　ことが
わかります。

① 青と　白の　おもさを
くらべると，白の　ほうが
おもいです。

② 白と　くろの　おもさを
くらべると，白の　ほうが
おもいです。

③ 赤と　白の　おもさを
くらべると，赤の　ほうが
おもいです。

①，②から，青，白，くろの
３つの　中では，白が　いちばん
おもい　ことが　わかります。

③から，白より　赤の　ほうが
おもい　ことが　わかります。

いちばん　おもい　ボールは
赤です。

（こたえ）　　　赤

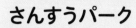

さんすうパーク

P28，29

P28，29

らいんりんく
ラインリンク

もんだい１

もんだい２

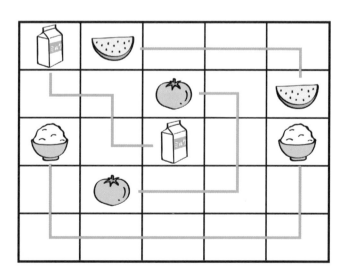

さんすうパーク

P42，43

けいさんめいろ

もんだい1

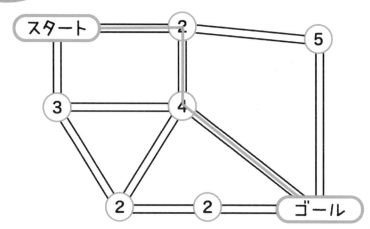

（答え）　　6

もんだい2

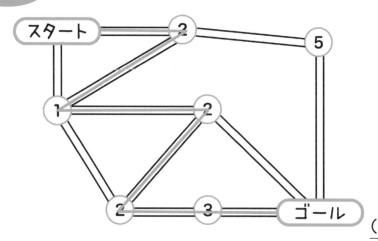

（答え）　　10

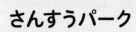

さんすうパーク

P56, 57

ふしぎなはこ

もんだい1

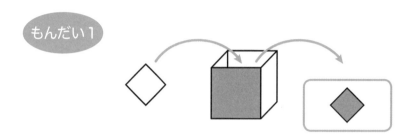

（答え）　　　　　い

もんだい2

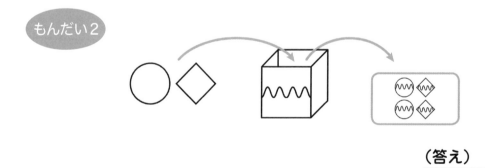

（答え）　　　　　お

さんすうパーク

P74, 75

かずあそび

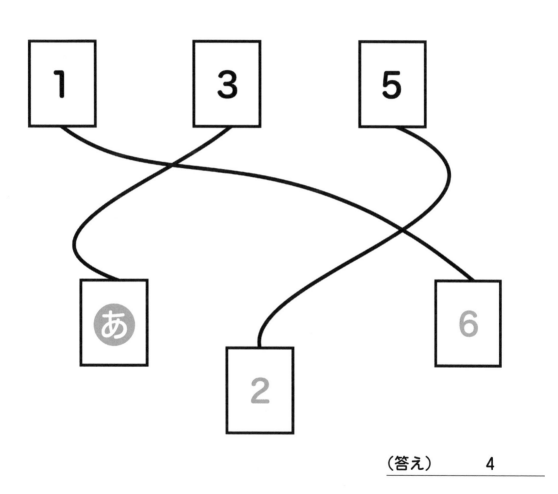

（答え）　　　4

◉解説執筆協力：功刀 純子

◉DTP：株式会社 明昌堂

◉カバーデザイン：浦郷 和美

◉イラスト：坂木 浩子

◉編集担当：吉野 薫・加藤 龍平・阿部 加奈子

親子ではじめよう 算数検定11級

2023年5月2日　初　版発行
2024年6月10日　第2刷発行

編　　者	公益財団法人 日本数学検定協会
発 行 者	髙田 忍
発 行 所	公益財団法人 日本数学検定協会

〒110-0005 東京都台東区上野五丁目1番1号
FAX 03-5812-8346
https://www.su-gaku.net/

発 売 所	丸善出版株式会社

〒101-0051 東京都千代田区神田神保町二丁目17番
TEL 03-3512-3256　FAX 03-3512-3270
https://www.maruzen-publishing.co.jp/

印刷・製本	株式会社ムレコミュニケーションズ

ISBN978-4-86765-008-0　C0041

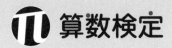
算数検定

親子ではじめよう

実用数学技能検定® 数検

算数検定

11 級

ミニドリル

● つぎの けいさんを しましょう。

(1) 1＋6   (2) 4＋2

(3) 5－1   (4) 9－6

（5）　8 + 7

（6）　14 − 8

（7）　30 + 50

（8）　24 + 5

（9）　4 + 6 + 5

（10）　2 + 8 − 7

こたえは
10ページを
見てね！

● つぎの　けいさんを　しましょう。

（1）　2＋1

（2）　3＋5

（3）　4－2

（4）　8－4

(5)　9 + 6

(6)　17 − 8

(7)　80 − 60

(8)　86 − 5

(9)　3 + 7 − 4

(10)　15 − 5 + 3

こたえは
10ページを
見てね！

● つぎの　けいさんを　しましょう。

（1）　1＋4

（2）　4＋6

（3）　9－5

（4）　7－7

(5) 6＋5

(6) 18－6

(7) 20＋60

(8) 33＋6

(9) 3＋4＋2

(10) 7＋3－2

こたえは
10ページを
見てね！

● つぎの　けいさんを　しましょう。

（1）　1＋8

（2）　4＋4

（3）　3－2

（4）　6－3

(5)　2 + 9

(6)　15 − 6

(7)　90 − 30

(8)　59 − 7

(9)　4 + 3 − 5

(10)　18 − 8 − 9

こたえは
10ページを
見てね！

解答

第 1 回

(1) 7　　(2) 6

(3) 4　　(4) 3

(5) 15　　(6) 6

(7) 80　　(8) 29

(9) 15　　(10) 3

第 2 回

(1) 3　　(2) 8

(3) 2　　(4) 4

(5) 15　　(6) 9

(7) 20　　(8) 81

(9) 6　　(10) 13

第 3 回

(1) 5　　(2) 10

(3) 4　　(4) 0

(5) 11　　(6) 12

(7) 80　　(8) 39

(9) 9　　(10) 8

第 4 回

(1) 9　　(2) 8

(3) 1　　(4) 3

(5) 11　　(6) 9

(7) 60　　(8) 52

(9) 2　　(10) 1

（1）	
（2）	
（3）	
（4）	
（5）	
（6）	
（7）	
（8）	
（9）	
（10）	

キリトリ線

解答用紙
（かいとうようし）

（1）	
（2）	
（3）	
（4）	
（5）	
（6）	
（7）	
（8）	
（9）	
（10）	

キリトリ線

解答用紙

（1）	
（2）	
（3）	
（4）	
（5）	
（6）	
（7）	
（8）	
（9）	
（10）	

キリトリ線

解答用紙

（1）	
（2）	
（3）	
（4）	
（5）	
（6）	
（7）	
（8）	
（9）	
（10）	

キリトリ線

算数検定